Top im Abi

Abiwissen kompakt

Erdkunde

Schroedel

Top im Abi

Abiwissen kompakt

Erdkunde

Autor:
Bernd Raczkowsky unterrichtet Geografie und Englisch an einem Gymnasium in Augsburg. Er war Mitglied verschiedener Kommissionen für das Fach Geografie in Bayern und erstellt Unterrichtshilfen, Vorbereitungsmaterialien und Lehrbücher in seinen Unterrichtsfächern.

Druck 3 / Jahr 2012

Herstellung: Dirk von Lüderitz
Umschlaggestaltung: Janssen Kahlert Design & Kommunikation, Hannover
Innenlayout, Satz, Grafik und Redaktion: imprint, Zusmarshausen
Druck und Bindung: pva, Druck und Medien-Dienstleistungen GmbH, Landau

ISBN 978-3-507-**23064**-4

1 Geophysikalische Zusammenhänge

Für das Verständnis geophysikalischer Zusammenhänge und Prozesse wie beispielsweise Gebirgsbildung, seismische Tätigkeit, Vulkanismus und andere plattentektonische Vorgänge, sind Kenntnisse unterschiedlicher Art über die endogen formenschaffenden Mechanismen im Bereich der Erdkruste und des oberen Erdmantels notwendig.

1.1 Schalenbau der Erde

Die Erde ist eine kugelförmige Zusammenballung aus Materie (ein an den Polen abgeplatteter **Rotationsellipsoid**) mit einer Gesamtmasse von etwa $5977 \cdot 10^{27}$ g und einer mittleren Dichte von 5,5 g/cm^3. Mithilfe **geophysikalischer (seismischer) Messungen, chemischer Untersuchungen der Minerale und ihrem Vergleich mit Meteoritenfunden** haben sich Erkenntnisse über den inneren Aufbau des Erdkörpers ergeben, aus denen das **Schalenmodell** entwickelt wurde.

Die äußerste Schicht des Erdkörpers bildet die **relativ starre Erdkruste**. Ihre durchschnittliche Mächtigkeit beträgt im Bereich der Kontinente 20–60, unter den Ozeanen 5–10 km. Sie besteht aus **Sedimenten, magmatischen** und **→ metamorphen Gesteinen**. Die Erdkruste hat einen Massenanteil am Gesamterdkörper von unter einem Prozent. Die Erkenntnisse aus der **→ Plattentektonik** haben ergeben, dass die gesamte Erdkruste in scherbenähnliche Platten zerbrochen ist, welche auf dem oberen Erdmantel aufliegend relativ zueinander Bewegungen ausführen können.

Der **Erdmantel**, bestehend aus **oberem Erdmantel, Übergangszone** und **unterem Erdmantel**, reicht in eine Tiefe von etwa 2900 km und umfasst etwa drei Viertel der Erdmasse. Im **oberen Erdmantel** einschließlich der **Übergangszone** zwischen oberem und unterem Erdmantel finden sich kieselsäurearme, silikatische Gesteine. Infolge hoher Temperaturen (z. B. 1500 Grad Celsius in 400 km Tiefe) findet sich ab etwa 100 bis ca. 700 km Tiefe zäh fließende Gesteinsschmelze. Dort treten nach heutigen Einschätzungen **magmatische**

Konvektionsströme infolge Zonen unterschiedlicher Temperaturen auf. Diese nach oben strebenden Magmaströme gelten als „Motoren" für die plattentektonischen Bewegungen. Der oberste Erdmantel wird mit der Erdkruste zur **Lithosphäre** (*lithos* = Stein) zusammengefasst (Untergrenze bei etwa 100 km Tiefe).

Der Erdkern umfasst eine äußere und eine innere Teilkomponente. Der flüssige **äußere Erdkern** in einer Tiefe von etwa 2900 bis 5200 km setzt sich größtenteils aus Eisenverbindungen zusammen, die durch ihre Fließgeschwindigkeiten von vermutlich mehreren 10 km pro Jahr das **Erdmagnetfeld** erzeugen. Der **innere Erdkern** in einer Tiefe ab etwa 5200 km besteht aus Eisen und Nickel (deshalb auch **NiFe-Kern**) im festen Aggregatzustand infolge des enormen Drucks (etwa das 3-Millionenfache des Luftdrucks an der Erdoberfläche).

MERKE

- Schalenmodell: **Das Schalenmodell untergliedert den Erdkörper in Erdkruste, oberen Erdmantel, Übergangszone, unteren Erdmantel, äußeren und inneren Erdkern.**
- Rotationsellipsoid: **Die Erde ist ein an den Polen abgeplatteter Rotationsellipsoid, also keine vollkommene Kugel. Diese Deformation entstet aus der Drehbewegung.**
- Konvektionsströme: **In Richtung der Erdoberfläche gerichtete Magmaströme im oberen Erdmantel, die als Motor plattentektonischer Bewegungen gelten.**
- Lithosphäre: **Feste Gesteinshülle der Erde (Erdkruste und oberer Mantelbereich).**
- Äußerer/innerer Erdkern: **Der Erdkern besteht aus einem äußeren, zähflüssigen Teil und einem infolge des enormen Druckes festen, inneren Kern, der hauptsächlich Eisen und Nickel enthält.**

1.2 Vulkanismus und Erdbeben

Vulkanismus

Der Begriff bezeichnet alle Vorgänge, bei denen Magma (Silikatschmelze) in die Erdkruste (**Subvulkanismus**) bzw. zur Erdoberfläche (**Oberflächenvulkanismus**) aufsteigt. Ursache für den Magmaaufstieg ist die Entgasung von

Silikatschmelze bei Druckentlastung, z. B. an tektonischen Störungszonen. Vulkanische Erscheinungen sind nicht dispers über die Erdoberfläche verteilt, sondern treten zusammen mit Erdbeben überwiegend **an den Plattengrenzen** auf:

- entlang der **mittelozeanischen Rücken** (Beispiel Island),
- in Inselbögen an **Subduktionszonen** (Beispiel Japan),
- in **orogenetisch aktiven Zonen** (Beispiel Andenvulkane),
- entlang **Kontinentalgräben** (Beispiel ostafrikanische Vulkane).

Darüber hinaus kommt Vulkanismus inmitten von tektonischen Platten über punktartigen Magmaherden (**Hot Spots**) vor (Beispiel Hawaiianische Inselkette).

Entsprechend ihrer **Form** klassifiziert man kegelförmige Vulkane z. B. in **Schicht- oder Stratovulkane** (steile Flanken, aufgebaut aus abwechselnden Schichten von Asche und Lavagestein, Beispiel Vesuv) und **Schildvulkane** (weit ausladende Kegel mit geringer Flankenneigung, Beispiel Hawaiianische Vulkane).

Unterschiedlich zusammengesetzte Lava bedingt unterschiedliche Ausbruchstypen. **Basaltische Lava** ist dünnflüssiger und bewirkt eher **effusive**, also ausfließende Eruptionen. **Andesitische Lava** (besonders an Subduktionszonen vorkommend) ist viskoser, hält Gase stärker fest, die dann bei Druckentlastung an der Oberfläche **explosionsartige Eruptionen** erzeugen.

Pyroklastika sind alle aus Vulkanen ausgeworfenen Bruchstücke. Hierzu zählen **vulkanische Asche**, **Lapilli** (kleine Steinchen zwischen 4 und 30 mm Durchmesser), **vulkanische Blöcke** und **Bomben** (größere Gesteinsbrocken).

Vulkanische Aktivitäten werden heute unterschieden nach **Art der Eruption**, **Form des Schlotes** und den **charakteristischen Ablagerungen**:

Eruptionskrater nennt man die am Schlotausgang trichterförmig erweiterten Öffnungen. **Einsturzkrater** entstehen nach heftigen Eruptionsserien oft dann, wenn der tiefer liegende Magmaherd entleert wurde und nachträglich einstürzt. Ein ringförmiger Einsturzkrater mit Durchmesser im Kilometerbereich wird **Caldera** genannt (Beispiel: Insel Santorin). Alle nach einer Eruptionsserie mit der verbleibenden Wärme des Magmaherdes verbundenen Aktivitäten nennt man **postvulkanische Erscheinungen**. Hierzu zählt man z. B. **Geysire** (heiße Springquellen mit regelmäßiger Schüttung), **Thermalquellen** (Mineralquellen in Vulkangebieten und an tektonischen Störungen), **Fumarolen**

1.3 Plattentektonik

MERKE ▪ Grundaussagen der Plattentektonik

- Die Lithosphäre der Erde (Erdkruste und oberster Erdmantelbereich) besteht aus einzelnen plattenartigen Teilen, die relativ zueinander auf dem zähflüssigen Magma des oberen Erdmantels aufliegend verschiebbar sind.
- Es gibt zwei Arten von Lithosphärenplatten, spezifisch schwerere ozeanische Platten und spezifisch leichtere kontinentale Platten. Die Kontinente (kontinentale Platten) liegen somit auf den ozeanischen Plattenteilen auf und werden durch diese „mitgeschleppt".
- Einzelne Platten können sich grundsätzlich voneinander wegbewegen (seafloor-spreading), aufeinander zu bewegen (Beispiel Himalaya), aneinander entlangschrammen (Beispiel Kalifornien), oder eine Platte kann unter eine spezifisch leichtere abtauchen (Subduktionszone).
- Der Antrieb für den horizontalen Plattentransport und die daraus resultierende Plattenbewegung liegt darin begründet, dass innerhalb des Erdmantels unterschiedliche Temperaturverhältnisse vorherrschen. Heißere Zonen im tieferen Erdmantel erzeugen nach oben gerichtete Konvektionsströme von Magma. Diese weichen, an der Unterseite der Plattenteile angekommen, seitlich aus und „schleppen" die einzelnen Platten horizontal mit.
- An den Plattengrenzen kommt es zu großräumigen Wirkungen: Platten werden – vereinfacht dargestellt – aufeinandergeschoben und bilden Gebirge, Platten werden durch die Keilwirkung aufsteigenden Magmas voneinander weggeschoben und an den Plattenrändern bildet sich neue Erdkruste, Platten scheren aneinander vorbei und erzeugen so schwere Reibungsvibrationen (Erdbeben), Platten tauchen untereinander ab, wobei die abtauchende Platte in größeren Erdmanteltiefen aufgeschmolzen wird.

Plattentektonik: moderner geowissenschaftlicher Forschungszweig, beschreibt modellhaft Bewegungen der Erdkrustenplatten auf oberem Erdmantel und die sich hieraus ergebenden Folgeerscheinungen (Erdbebenentstehung, Gebirgsbildung und Krustenneubildung); plattentektonische Modellvorstellung gründet auf die von **Alfred Wegener** formulierte **Kontinentalverschiebungstheorie** und wurde nach dem zweiten Weltkrieg, besonders in den 1960er-Jahren infolge damals entwickelter modernerer Forschungstechnologie (U-Boot-Technik, seismische geomagnetische und geophysikalische Messmethoden) initiiert. Auffällig waren mehrere **Grundphänomene** gewesen:

- Vulkanismus und Erdbeben treten nicht räumlich beliebig verteilt auf der Erdoberfläche auf, sondern konzentrieren sich in netzartig verteilten Zonen (Plattengrenzbereichen).
- Die Kontinentalschelf-Ränder heute weit voneinander entfernter Kontinente ergeben beim Zusammenschieben eine Art zusammenhängenden Urkontinent.
- In bestimmten Gebieten heute weit voneinander entfernter Kontinente treten ähnliche oder gleiche Eigenschaften geologischer Art (z. B. fortlaufende tektonische Brüche) und botanischer Art (z. B. Vorkommen eng verwandter Pflanzenarten) auf.

Folgerung: heute voneinander getrennte Kontinentteile bildeten einst einen zusammen hängenden Superkontinent (Pangaea) .

Unterschieden werden mehrere Arten von **Plattengrenzen**:

Mittelozeanische Rückensysteme: Zäh fließende Magma steigt aus dem oberen Erdmantel auf; durch die dabei entstehende Keilwirkung werden ozeanische Lithosphärenplatten seitlich voneinander weggeschoben. Diesen Prozess nennt man, da er submarin stattfindet, **seafloor-spreading**. Es zeichnet im eigentlichen Sinne für die Plattenbewegungen verantwortlich. Die auf den ozeanischen Krustenteilen aufliegenden kontinentalen Plattenteile werden mitgeschleppt (Kontinentaldrift). Mittelozeanische Rückensysteme sind **konstruktive Plattengrenzen**. An den ozeanischen Plattenrändern, z. B. am Mittelatlantischen Rückensystem, lagert sich immer wieder neue, erstarrte Magma an, neue Erdkruste wird dort ständig gebildet.

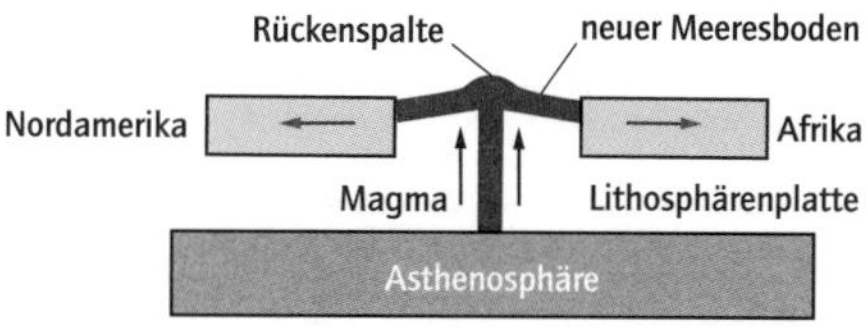

Subduktionszonen: Ozeanische und kontinentale Platten haben unterschiedliche spezifische Dichten (die ozeanische Kruste ist dichter, „schwerer"). Treffen sich die Platten, taucht deshalb erstere unter letztere ab (*subducere* = hinabführen, abtauchen) und erzeugt an der Kontaktfläche zur kontinentalen Platte Reibung: Erdbeben entstehen. In größeren Tiefen bis zu einigen Hunderten Kilometern schmilzt abtauchendes Krustenmaterial auf, steigt senkrecht nach oben, durchschmilzt die kontinentale Platte und resultiert in Vulkanketten (z. B. küstennahe Vulkane in den Anden). Subduktionszonen sind **destruktive Plattengrenzen**. An ihnen wird vorhandenes Krustenmaterial aufgeschmolzen.

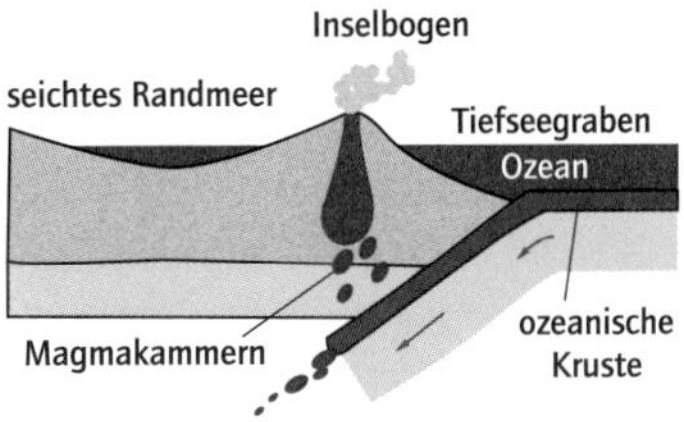

Transformstörungen (*transform faults*): Dabei handelt es sich um „Entlastungsrisse" senkrecht zu den mittelozeanischen Rückensystemen oder zu kontinentalen Grabenbrüchen, denn sämtliche Plattenbewegungen finden schließlich nicht auf einer ebenen Fläche, sondern einer sphärischen (gekrümmten) Oberfläche statt. An diesen Störungen kommt es zu besonders heftigen Reibungen, somit seismischen Erschütterungen (z. B. Sankt-Andreas-Verwerfung in Kalifornien), denn Plattenränder bewegen sich hier mit „doppelter" Geschwindigkeit seitlich aneinander vorbei.

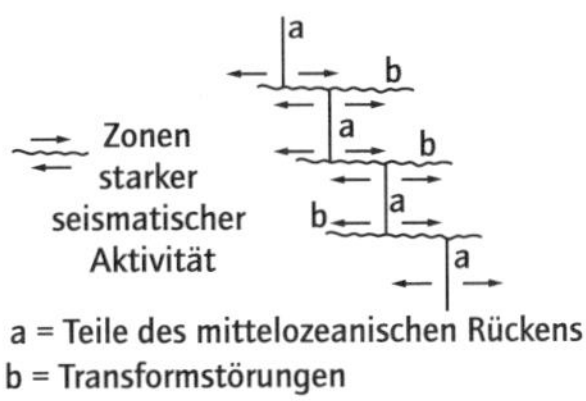

Aufsicht auf Transformationsstörungen

Kompressionszonen: Hier „prallen" zwei kontinentale Krustenteile aufeinander (z. B. Kontakt der Indischen mit der Eurasiatischen Platte, Entstehung des Himalaya-Gebirges; auch Alpen). Dabei kommt es nicht einfach zum Hochwölben kontinentaler Krustenteile, vielmehr greifen die einzelnen Sedimentschichten fingerförmig in die Teile der jeweils anderen Platte ein (**Deckenüberschiebungen**). An den Kontaktflächen kommt es unter hohem Druck teilweise zum Aufschmelzen vorhandener Gesteine, sodass auch → **Metamorphite** gebildet werden.

Kontinentale Grabenbrüche: Hier findet quasi ein seafloor-spreading innerhalb eines Kontinents statt. Die ozeanische Kruste bricht auf, Magma aus dem oberen Erdmantel steigt auf und spreizt die ozeanischen Platten mit den aufliegenden kontinentalen Krustenteilen auseinander. Ein Beispiel ist das ostafrikanische Grabenbruchsystem.

1.4 Gesteinsentstehung, Kreislauf der Gesteine

Die Entstehung der Gesteine steht in ursächlichem Zusammenhang mit **endogenen** und **exogenen** Kräften, die auf die Erdkruste wirken. Beispiele für endogene Kräfte sind Plattenbewegungen der Erdkruste, Gebirgsbildung und Vulkanismus, Beispiele für exogene Kräfte sind Verwitterung, Erosion durch Wasser, Wind und Gletschereis. Entsprechend ihrer **Entstehungsart** unterscheidet man generell drei Gesteinsarten:

Magmatische Gesteine (Erstarrungs-/Eruptivgesteine)

Magmatische Gesteine entstehen durch Abkühlen, Erstarren und teilweises oder vollständiges Auskristallisieren glutflüssiger, aus dem oberen Erdmantel emporgestiegener Gesteinsschmelze, dem **Magma**. Dieses hat vor der Abkühlung Temperaturen von 700 bis 900 °C (**saures Magma**) bzw. von ca. 1200 °C (**basaltisches Magma**). Erstarrt Magma in der Erdkrustenplatte unterhalb der Erdoberfläche, so nennt man die daraus entstehenden Gesteine **Plutonite** (z. B. Granit), gelangt Magma bis an die Erdoberfläche, so entstehen **Vulkanite** (z. B. Basalt).

45 Gew.-% SiO_2 vorwiegend basisch ⇒ 75 Gew.-% SiO_2 vorwiegend sauer					
Vulkanite (halb kristallin und feinkörnig)	Basalt		Andesit	Dacit	Rhyolith
		Na-Basalt			Trachyt
	Nephelinit			Phonolith	
Plutonite (grobkörnig und voll kristallin)	Periodit	Gabbro	Diorit	Granodiorit	Granit
			Syenit		

Ausgewählte magmatische Gesteine; SiO_2: Siliziumoxid

Unterschieden werden folgende Bereiche, in denen Gesteinschmelze entsteht: an **Subduktionszonen** und **mittelozeanischen Rücken**, in **Grabenbruchsystemen**, in **Kompressionszonen** und über **Hot Spots**.

Metamorphe Gesteine (Umwandlungsgesteine)

Umwandlungsgesteine sind Gesteine, die in ihrer Struktur, Textur und ihrer mineralischen Zusammensetzung durch hohe Temperatur- und/oder Druckeinwirkung nachträglich verändert worden sind. Diese Einwirkungen treten wiederum an Plattengrenzen auf. Sie entstehen also aus bereits vorhandenen Gesteinen (magmatischen, Sediment- oder anderen metamorphen Gesteinen).

- **Regionalmetamorphite:** entstehen dort, wo z. B. Platten aneinander vorbeigeschoben werden, etwa an Kompressionszonen mit Gebirgsbildungsprozessen.
- **Kontaktmetamorphose:** Magma wird durch tektonische Vorgänge in das Umgebungsgestein eingepresst, welches neu aufschmilzt.

Ausgangsgestein **Metamorphose**	⇒	**metamorphes Gestein**
Granit	⇒	Gneis
Kalkstein	⇒	Marmor
Ton-/Sandstein	⇒	Tonschiefer

Sedimentgesteine (Ablagerungsgesteine)

Sie entstehen durch **Ablagerung** und **Diagenese** (Verfestigung) kleiner Teilchen bereits zuvor vorhandener Gesteine, welche durch Verwitterung, Abtragung, Transport und Ablagerung aufbereitet wurden.

Unterscheidung nach Entstehungsort

- **terrestrische Sedimente** (auf Landmassen entstanden)
- **marine Sedimente** (in Meeresbecken/an Küsten entstanden)
- **limnische Sedimente** (im Gebiet von Seen entstanden)

Unterscheidung nach der Art ihrer Entstehung

- **Mechanische (auch: klastische) Sedimente:** Sie entstehen durch Transport, Ablagerung und Diagenese bereits vorhandener Gesteinsteilchen. Wird dabei gerundetes Ausgangsmaterial (z. B. Kieselsteine) zusammengebacken, so nennt man das entstandene Sedimentgestein **Konglomerat**, ist eckiges oder kantiges Material beteiligt, so spricht man von **Breccie**.
- **Chemische Sedimente:** Sie entstehen durch Ausfällung und Eindampfung gelöster Mineralstoffe (z. B. Gips, Salze und Kalkstein).

- **Organische (auch: biogene) Sedimente:** Sie entstehen hauptsächlich aus organischen Substanzen. So bilden etwa Schwämme und Korallenpolypen Kalke in Meeresbereichen. Weitere Beispiele sind Torfe und Kohle.

Die eigentlichen Sedimentgesteine entstehen aus den Sedimenten (Lockerablagerungen) durch Verdichtung (aufeinander gelagerte Gesteinsteilchen verzahnen und verfestigen sich im Lauf der Zeit) und Zementierung (Wasser schwemmt bindende Substanzen, z. B. Calcit ein).

Heutige Bedeutung der Sedimentgesteine

- sie bedecken etwa zwei Drittel der Erdoberfläche
- sie beinhalten Fossilien, mit deren Hilfe durch eine Altersdatierung Rückschlüsse auf die Lebewelt der jeweiligen Erdzeitalter und deren Unterabteilungen gezogen werden können.

Kreislauf der Gesteine

Alle Gesteine sind in einen **Gesteinskreislauf** integriert. Endogene Kräfte bilden neue und zerstören vorhandene Gesteine, exogene Kräfte arbeiten bestehendes Gesteinsmaterial um. So kann aus jeder bestehenden Gesteinsart im Lauf der Jahrmillionen eine neue entstehen.

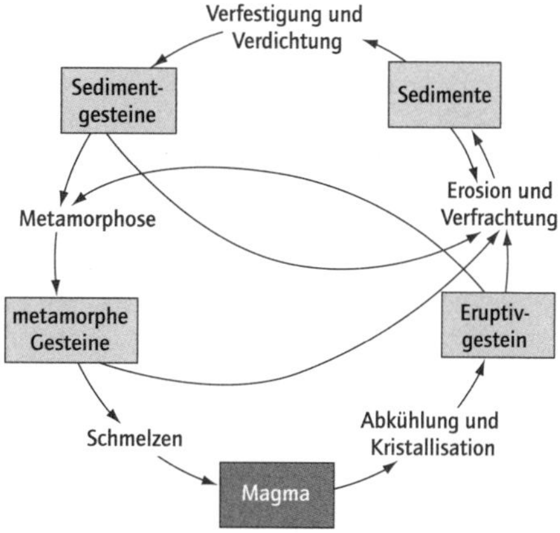

MERKE

- **endogene/exogene Kräfte**
- **magmatische Gesteine (Plutonite, Vulkanite)**
- **metamorphe Gesteine, Regionalmetamorphite, Kontaktmetamorphose**
- **Sedimentgesteine (terrestrische, marine, limnische, mechanische/klastische, chemische, organische/biogene), Konglomerat, Breccie**
- **Gesteinskreislauf**

CHECKLISTE

1 Geophysikalische Zusammenhänge

Schalenbau der Erde

- Rotationsellipsoid, Schalenmodell [innerer (NiFe-)] Kern und äußerer Erdkern, unterer Erdmantel, oberer Erdmantel und Übergangszone, Erdkruste
- Sedimente, magmatische und metamorphe Gesteine
- Plattentektonik, Konvektionsströme, Lithosphäre

Vulkanismus, Erdbeben und Plattentektonik

- Subvulkanismus und Oberflächenvulkanismus
- Plattengrenzen: mittelozeanische Rücken, Subduktionszonen, orogenetisch aktive Zonen, Kontinentalgräben, seafloor-spreading, Alfred Wegeners Kontinentalverschiebungstheorie, konstruktive und destruktive Plattengrenzen, Transformstörung, Kompressionszone
- Hot Spots und Hot-Spot-Theorie
- Schicht-/Stratovulkan, Schildvulkan, basaltische und andesitische Lava
- Pyroklastika, Lapilli, vulkanische Bomben
- Zentraleruption und Spaltenerguss
- Hawaii-, Stromboli-, Vesuv-, Plinian- und Pelée-Typ
- Postvulkanismus: Geysir, Thermalquelle, Fumarole, Solfatar und Mofette
- Erdbeben: Hypozentrum, Epizentrum, Flach-, Zwischen- und Tiefbeben
- vulkanisches Beben, Einsturzbeben und tektonisches Beben
- Longitudinalwellen, Sekundarwellen und Langzeitwellen
- Richterskala, Mercalliskala

Kreislauf der Gesteine

- endogene und exogene Kräfte
- magmatische Gesteine: Plutonite und Vulkanite
- metamorphe Gesteine: Regionalmetamorphite und Kontaktmetamorphose
- Sedimentgesteine: terrestrische, marine und limnische Sedimente; mechanische (klastische), chemische und biogene Sedimente

2 Klimageografische Grundlagen

Das Klima der Erde und insbesondere die klimatischen Mechanismen in den einzelnen Klimazonen bestimmen in ganz entscheidender Weise die natürlichen Funktionen des globalen irdischen Ökosystems. Klima, Vegetation, Bodenbildung und die geomorphologischen Prozesse an der Erdoberfläche stehen in systematischen, interaktiven Zusammenhängen.

2.1 Allgemeine atmosphärische Zirkulation

Das traditionelle klassische Zirkulationsschema

Die **traditionelle Zirkulationslehre** lässt sich nach den neueren Erkenntnissen der Höhenwetterkunde (Aerologie) und neu eingeführten Messmethoden (z. B. Satelliteneinsatz) nicht mehr aufrechterhalten, soll aber hier in ihren wesentlichen Zügen skizziert werden.

- **„Antrieb" für die Zirkulation:** höchste Einstrahlung von Wärmeenergie im Jahresdurchschnitt im Bereich der Tropen (mathematisch zwischen den beiden Wendekreisen); dort Aufsteigen der erwärmten Luftmassen, teilweise Kondensation in der Höhe (tropische Regen), Abfließen der Luftmassen in der Höhe in Richtung der beiden Pole (**Antipassate**), teilweises Absinken dieser Luftmassen über dem **subtropischen Hochdruckgürtel** (Trockenwüsten, Beispiel Sahara), Rückströmen dieser Luftmassen am Boden Richtung Äquator (Passatwinde), somit Schließen des Luftmassenkreislaufs
- Strömen eines weiteren Teils des Antipassats in der Höhe Richtung Pol, Absinken in der Polarregion, Bildung eines Polarhochs, von dem aus Luftmassen wieder in die mittleren Breiten zurückfließen, wo sie mit aus dem subtropischen Hochdruckgürtel kommender Luft (durch **Corioliskraft** zu Westwinden abgelenkt) zusammentreffen und **Fronten** bilden
- Also Dominanz vorwiegend meridionalen Luftmassenaustauschs zwischen Tropen und Polen im klassischen Zirkulationsmodell: Entwicklung zweier großer Zirkulationssysteme, nämlich **Passatwindkreislauf und Frontensystem** zwischen mittleren und polaren Breiten

- Dominanz vier verschiedener Drucksysteme: subtropischer Hochdruckgürtel (Rossbreitenhoch), Polarhoch, Tropentief und Tiefdruckrinne der mittleren Breiten
- Niederschlagsarmut in den Hochdruckbereichen, Niederschlagsreichtum in den Tiefdruckbereichen
- Insgesamt vorwiegend thermische Erklärung des Zirkulationsmodells (unterschiedliche Luftmassentemperaturen bedingen unterschiedliche Druckverhältnisse, diese bedingen Luftmassentransport infolge des Trachtens nach Druckausgleich
- Erklärung der **Monsunwinde** (Winde, die im Jahresverlauf ihre Richtung um mindestens 120° drehen) vereinfacht als Luftmassenaustausch zwischen Festland und Ozean

Neuere Erklärungsversuche für die planetarische Zirkulation

Heute ist die allgemeine atmosphärische Zirkulation nur **in dreidimensionaler Sichtweise** erklärbar. Dabei wird die Atmosphäre nicht mehr in geschlossenen, gürtelartigen Zonen gesehen, sondern als ein dynamisches, alternierendes System von einzelnen **Zirkulationszellen**. Man weiß, dass horizontale (advektive) Luftmassenbewegungen gegenüber den vertikalen und meridionalen Bewegungen dominieren.

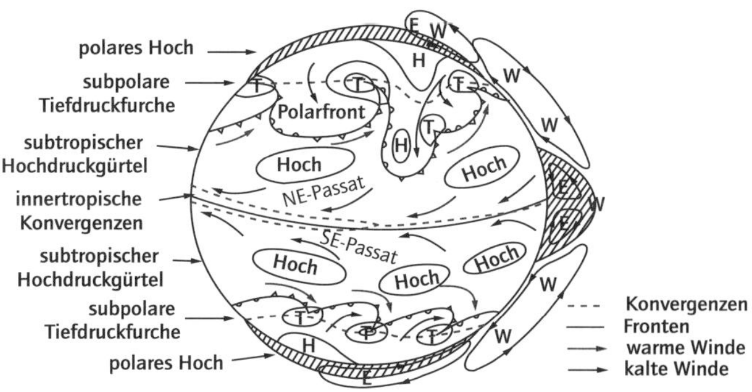

Atmosphärische Zirkulation in 0 bis 2 km Höhe mit Aufriss bis 15 km Höhe (nach Flohn)

Im Gegensatz zum klassischen Modell der atmosphärischen (oder planetarischen) Zirkulation werden heute vorwiegend die **Strömungsvarianten in der Höhe** zur Erklärung herangezogen:

- **Höhenwestwinde** als ausgleichende, von der Corioliskraft nach Osten abgelenkte Luftmassenströmung zwischen dem Höhenhoch über den Tropen und dem Höhentief über den Polargebieten (denn: Luftdruck nimmt über den Tropen mit der Höhe langsamer ab als über den Polargebieten)
- größtes Druckgefälle an der **planetarischen Frontalzone** im Übergangsbereich tropischer und polarer Luftmassen; Entstehung eines hochgelegenen schnellen Westwinds (**Jetstream**) mit Geschwindigkeiten bis zu 350 km/h in 8–12 km Höhe; mittlere Lage des Stromstrichs bei etwa 40° Breite (jahreszeitlich wandernd mit dem Sonnenstand zwischen etwa 30° und 65° Breite)
- Wirkung dieser Strahlströmung bis auf die Erdoberfläche (**allgemeine Westwinddrift**)
- alle barischen Druckgebilde (**Hoch- und Tiefdruckgebiete** bzw. **Antizyklone und Zyklone**) werden mit den sie umkreisenden Winden und Fronten nach Osten verfrachtet
- Entstehung der Tief- und Hochdruckgebiete in erster Linie durch den **Jetstream**, der strömungsmäßig mäandriert und dabei Verwirbelungen erzeugt
- Bewegung der Tiefdruckgebiete hauptsächlich in der polwärtigen Zone der Westwinddrift (bedingt durch zunehmende Corioliskraft polwärts und das Ausscheren der Tiefs in Richtung Pol)
- äquatorwärtiges Ausscheren der Hochdruckgebiete durch umgekehrtes Wirken der Corioliskraft; deshalb räumliche Konzentration der Hochdruckgebiete in etwa 25–30° Breite (subtropischer Hochdruckgürtel)
- Verstärkung der Westwinde durch Luftmassen, die vom subtropischen Hochdruckgürtel polwärts streben und abgelenkt werden
- äquatorwärts strömende Luftmassen werden abgelenkt zum **Urpassat**, der an der Oberfläche durch Reibung abgebremst zum **Nordostpassat** (Nordhalbkugel) und zum **Südostpassat** (Südhalbkugel) wird
- Zusammenfließen (Konvergieren) der beiden Passatströme in der **ITC** (**Innertropical Convergence Zone**); dort wiederum Aufsteigen der Passatluftmassen und Kondensation (Tropenniederschläge)
- **Jahreszeitliche Verschiebung der ITC** im Nordsommer mit dem Sonnenstand bis 20° vom mathematischen Äquator entfernt (besonderes Phäno-

men der Nordhalbkugel infolge größerer Landmasse und deshalb schnellerer thermischer Umsetzung)

- dadurch Überqueren des Äquators durch den Südostpassat, der in Fließrichtung nach rechts abgelenkt die Westwinde verstärkt
- außerdem: **Aufspaltung der ITC** in einen schwächeren Zweig am mathematischen Äquator und einen stärkeren am thermischen Äquator möglich; Entstehen einer schwächeren Ausgleichsströmung zum stärker ausgeprägten ITC-Zweig hin (**äquatoriale Weströmung**)
- Ausbildung flacher, wenige Kilometer mächtiger **Kaltlufthochdruckgebiete an den Polen**; aus ihnen fließt äquatorwärts gerichtete Luft heraus, die durch die Corioliskraft (in Fließrichtung nach rechts abgelenkt) zu **polaren Ostwinden** führt
- Polare Ostwinde konvergieren mit warmen Südwestwinden; dadurch zusätzliche **Frontenbildung mit Entstehung von Zyklonen**

Hadley-Zelle: der Teil der planetarischen Zirkulation, der den klassischen Passatkreislauf beschreibt (aufsteigende Luftmassen am Äquator, polwärts trachtende, aber in Fließrichtung nach rechts abgelenkte Luftmassen, teilweises Absinken im Bereich der Subtropen, Rückfließen zur ITC)

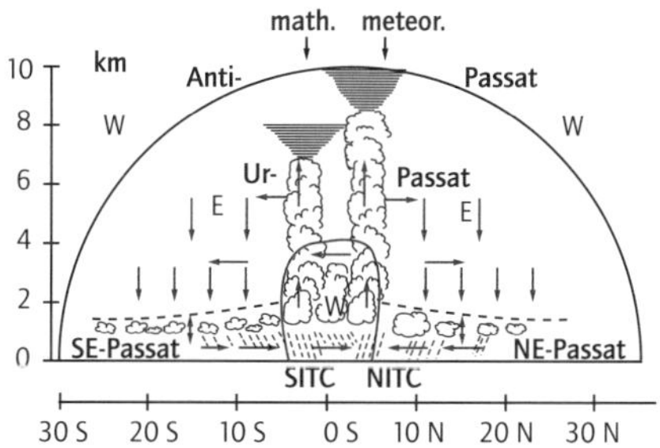

Passatkreislauf. Schema mit doppelter ITC und äquatorialer Westwindzone (nach Flohn)

Ferrel-Zelle: Zirkulationszelle in den mittleren Breiten: aufsteigende Luftmassen im Bereich der subpolaren Tiefdruckrinne und polare Ostwinde (Corioliskraft!), die zur subtropischen Hochdruckzelle fließen und dort mit absteigendem Ast der Hadley-Zelle wieder auf die Erdoberfläche treffen, Rückfluss am Boden in die subpolare Tiefdruckrinne

Neuere Konzepte zum Monsun: Als Ursache für den ostasiatischen Monsun wird die jahreszeitliche Verlagerung der planetarischen Frontalzone angesehen. Der Sommermonsun Ostasiens ist ein flacher, abgelenkter Nordostpassat, der Wintermonsun (Südwestwind) ein Teil der Westwinddrift. Auch der **tropische Monsun** (z. B. in Südostasien) kann nun in die allgemeine planetarische Zirkulation eingegliedert werden. Die jahreszeitlich wechselnden Monsunwinde können auf die jahreszeitliche Verlagerung der ITC zurückgeführt werden. Südostasien kommt im Sommer in den Einflussbereich des Südwestmonsuns, eines beim Überschreiten des Äquators nach Norden hin abgelenkten Südostpassats. Die dabei auftretenden hohen Niederschläge sind Folge der enthaltenen feuchten innertropischen Luftmassen. Im Winter verlagern sich alle Windgürtel südwärts. Südostasien gelangt dann in den Bereich des trockenen (da aus dem Innern Asiens stammend) Nordostmonsuns (= Nordostpassat).

atmosphärische Zirkulation in Höhen von 4 bis 10 km

Isobaren durchgezogen
Windströmungen gestrichelt
Begrenzung des Urpassats gepunktet
P = niedrigster Luftdruck in der Höhe über dem Kältepol am Boden

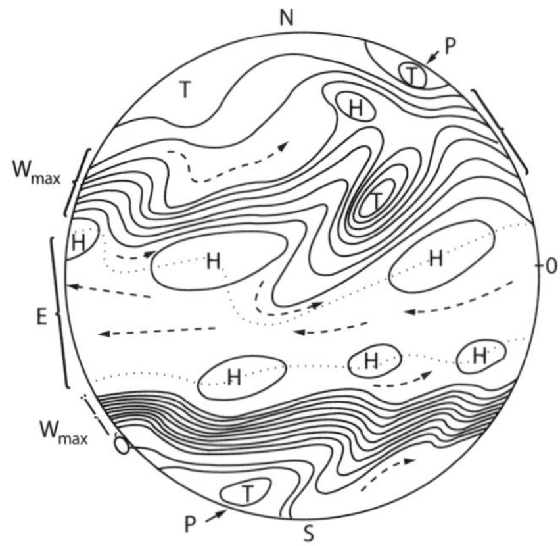

INSIDER-TIPP • Atmosphärische Zirkulation

Die atmosphärische Zirkulation kann man nicht einfach lernen, sie muss verstanden werden! Gehen Sie deshalb schrittweise nacheinander die einzelnen Zirkulationsabschnitte durch und visualisieren Sie diese immer wieder anhand der abgedruckten Abbildungen.

2.2 Zentrale Begriffe zur Klimageografie

Zum besseren Verständnis klimageografischer Zusammenhänge folgt hier ein Glossar klimarelevanter Begriffe und deren Erläuterungen.

Definition Wetter: Wetter ist der **augenblickliche Zustand der Atmosphäre** über einem bestimmten Punkt der Erdoberfläche zu einem bestimmten Zeitpunkt. Beispiel: Starkregen an einer Kaltfront an einem Frühlingstag über München.

Definition Witterung: Witterung ist die **typische Wetterabfolge** über einem bestimmten Punkt der Erdoberfläche in einem mehrtägigen bis mehrwöchigen Zeitraum. Beispiel: rasche Abfolge von Hoch- und Tiefdruckeinflüssen über Bayern im April (typisches Aprilwetter).

Definition Klima: Unter Klima versteht man alle typischen Witterungseinflüsse im Jahresverlauf über einem größeren Gebiet (z. B. einer Klimazone). Das Klima beschreibt also den **mittleren Zustand der Atmosphäre** über einem Gebiet über einen größeren Zeitraum (mindestens ein Jahr). **Beispiele:** Abwechseln der Hoch- und Tiefdruckgebiete in den Mittleren Breiten, typische Niederschlagsabfolge mit sommerlicher Trockenheit und Winterregen im Mediterrangebiet, vorwiegend ganzjährige Trockenheit in den Wüstengebieten des Subtropischen Hochdruckgürtels. Zur Charakterisierung typischer Klimate genügt das Heranziehen allein eines einzigen Klimaelements (z. B. Niederschlag oder Lufttemperatur) allerdings nicht. Das Klima einer Klimazone kann besser durch Zuhilfenahme mehrerer **Klimaelemente** beschrieben werden:

Temperatur: Gemessen wird in der Meteorologie die Lufttemperatur in Grad Celsius. Die Messung erfolgt in 2 m Höhe (Vermeidung von abgestrahlter Wärme durch den Untergrund), mehrmals am Tage (Ermittlung von Durchschnittstemperaturen) in einem weiß lackierten, gut belüfteten Wetterhäuschen (dadurch wird direkte, verfälschende Sonneneinstrahlung vermieden). Die zeitliche Aneinanderreihung von Durchschnittswerten (z. B. Monatsmitteln) ermöglicht die typische Abfolge von Lufttemperaturwerten und damit eine bessere klimatische Zuordnung einer Klimastation zu einer Klimaregion.

Niederschlag: Unterschieden werden verschiedene **Niederschlagstypen**, wie etwa Regen, Nieselregen, Schnee, Schneeregen, Hagel, Tau, Reif etc. **Niederschlagsarten** beschreiben die Art der Entstehung: **zyklonale Niederschläge** entstehen im Bereich von wandernden Tiefdruckgebieten an Fronten, **Konvektionsniederschläge** fallen, wenn Luftmassen über erhitzten Landflächen aufsteigen, sich dabei abkühlen und den **Taupunkt** (= 100 % relative Luftfeuchtigkeit) erreichen. **Steigungsregen** entsteht durch erzwungenes Aufsteigen von Luftmassen, Abkühlung und Erreichen des Taupunkts an Gebirgshindernissen. Unter **Zenitalregen** versteht man den durch die wandernde ITC verursachten Niederschlag. Der Jahresverlauf von Niederschlagssummen (z. B. Monatsniederschlagswerten) ermöglicht zusammen mit den Temperaturwerten eine recht gesicherte klimatische Zuordnung von Klimastationen. Niederschlagswerte werden **in mm** gemessen.

Luftdruck: Dies ist der Druck, der in einer bestimmten Höhe oder an der Erdoberfläche gemessen wird. Dieser Druck ergibt sich aus der einem Gebiet auflastenden Luftsäule der Atmosphäre. An der Erdoberfläche beträgt der gemittelte Luftdruck in Meereshöhe 1013 hPa (Hektopascal). Dieser entspricht dem Druck, die eine 1013 mm hohe Wassersäule auf die Bodenfläche ausübt.

Luftfeuchtigkeit: Luftfeuchtigkeit beschreibt den Anteil von Wasserdampf in einer Luftmasse bei einer bestimmten Temperatur (je höher die Temperatur, desto massenmäßig mehr Wasserdampf kann gespeichert werden). Die **absolute Luftfeuchtigkeit** nennt den Wasserdampfgehalt in Gramm pro Kubikmeter. Die relative Luftfeuchtigkeit wird in Prozent des bei einer bestimmten Temperatur maximal möglichen Wasserdampfgehalts (= 100 %) ausgedrückt.

maximaler Wasserdampfgehalt (100 % relative Luftfeuchtigkeit) bei verschiedenen Temperaturen

Temperatur	g/m^2
−40 °C	0,12
−30 °C	0,34
−10 °C	2,16
0 °C	4,85
15 °C	12,83
25 °C	23,05
35 °C	39,60
50 °C	82,70

Beachte: Bei einer Lufttemperatur von 15 °C genügen also etwas mehr als 12,83 g Wasserdampf in einer Luftmasse um Kondensation hervorzurufen (in Bodennähe würde so Bodennebel entstehen). Bei 35 °C Lufttemperatur wären hierfür fast 40 g Wasserdampf nötig! Übrigens – 90 % relative Luftfeuchtigkeit in den Tropen, also bei hohen Lufttemperaturen, machen uns Mitteleuropäern schwer zu schaffen (extreme Schwüle). 90 % Luftfeuchtigkeit bei 15° Celsius bereiten uns wegen der niedrigeren Temperatur kaum Probleme.

Klimadiagramme: In der Geografie ist besonders die Darstellung wichtiger Klimaelemente wie Niederschlag und Lufttemperatur im Jahresverlauf in Form von **Klimadiagrammen** von großer Bedeutung. Mit diesen Diagrammen können typische Klimate beschrieben werden und Messstationen typischen Klimazonen zugeordnet werden.

Klimadiagramm nach Walther/Lieth: Es zeigt in Jahreskurven die Monatsmitteltemperaturen und die monatlichen Niederschlagsmengen. Skalierung: 10 °C auf der y_1-Achse entsprechen 20 mm Niederschlag auf der y_2-Achse.

Erläuterungen: Die **Jahresdurchschnittstemperatur** wird aus der Summe der Monatsmittel geteilt durch 12 (Monate) errechnet. Die **Jahresniederschlagsmenge** ist die Summe aller Monatsniederschlagsmengen. Die **Jahrestempe-**

raturamplitude stellt den Unterschiedsbetrag zwischen höchstem und niedrigstem Monatsmittel der Temperatur dar. **Aride Abschnitte** sind Zeiten, in denen mehr verdunstet, als durch Niederschläge bereitgestellt wird (= Trockenperioden). Aride Phasen werden **gepunktet** dargestellt. **Humide Abschnitte** sind Zeiten, in denen die Niederschlagsmenge über den Verdunstungswerten bleibt (= Feuchtperioden). Diese werden **senkrecht gestrichen** dargestellt.

Das Klimadiagramm nach Walther/Lieth

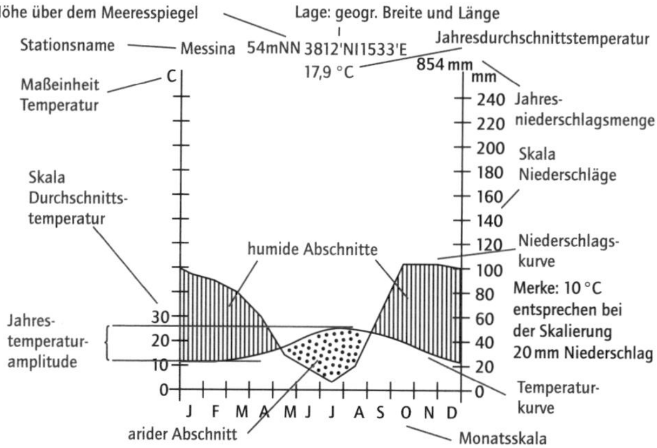

Thermoisoplethendiagramm: Dieses Diagramm zeigt den **Tagesgang der Temperatur einer Station in den verschiedenen Monaten** und den **Jahresgang der Temperatur einer Station zu bestimmten Tageszeiten**. Auf der (senkrechten) y-Achse werden von oben nach unten die Tageszeiten skaliert, auf der x-Achse die Monate. In der Diagrammfläche werden die Linien gleicher Temperatur dargestellt und mit den Werten versehen. Thermoisoplethendiagramme ermöglichen nur anhand der Darstellung von Temperaturwerten meistens eine sichere Zuordnung der Station zu einer bestimmten Klimazone – zumindest findet man schnell heraus, ob die Station über ein Jahreszeitenklima (z. B. Mittelbreiten) oder ein Tageszeitenklima (z. B. Innere Tropen) verfügt.

INSIDER-TIPP ▪ Klimadaten und -diagramme

In fast jeder Abituraufgabe müssen Sie mit Klimadaten bzw. Klimadiagrammen arbeiten! Der Umgang mit diesen Diagrammen und deren Interpretation will also gelernt sein!

INSIDER-TIPP ▪ Arbeitstechnik Thermoisoplethendiagramm

Nach waagerechtem Anlegen eines Lineals z. B. auf der Linie 12.00 Uhr kann man an den Schnittpunkten zwischen Lineal und eingezeichneten Linien die Durschnittstemperaturen zu dieser Tageszeit in den verschiedenen Monaten, also im Jahresverlauf, ablesen (z. B. Februar 20 °C, Juli etwa 32 °C). Legt man das Lineal senkrecht an, wird der Tagesgang der Temperatur in einem bestimmten Monat sichtbar. Tagestemperaturamplituden sind so beispielsweise ablesbar.

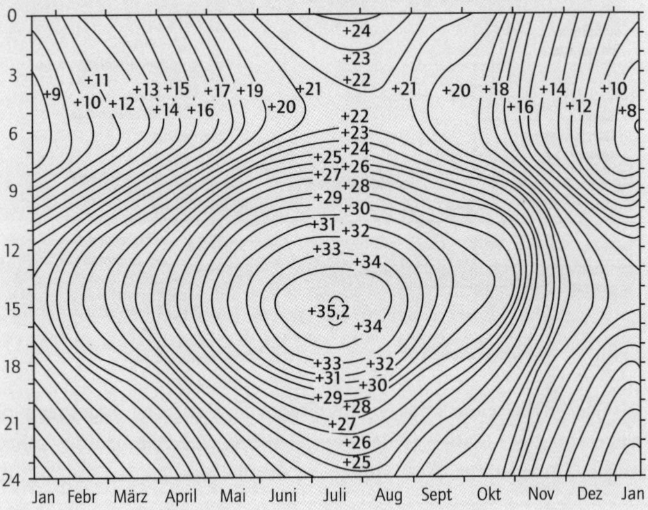

Klimogramm: Im Klimogramm werden Niederschlags- und Temperaturwerte in einem Polarkoordinatendiagramm dargestellt. Es besitzt aber weniger Aussagekraft als das Klimadiagramm nach Walther/Lieth.

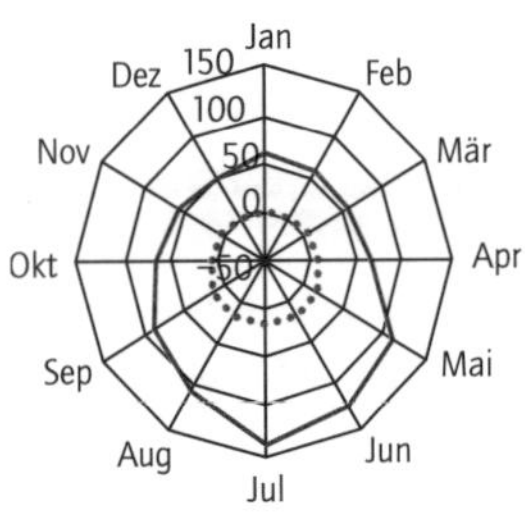

Klimogramm München

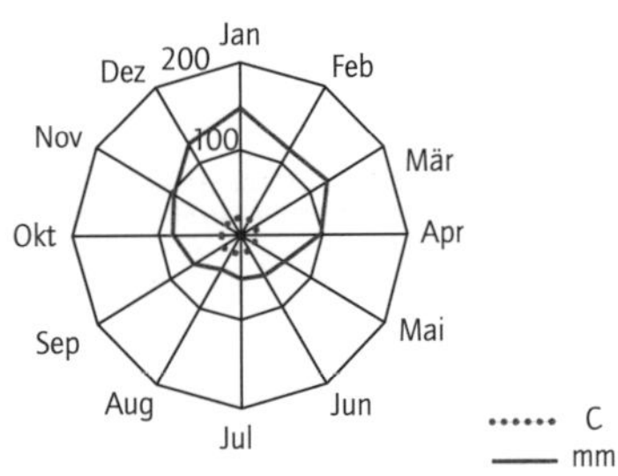

Klimogramm Rio de Janeiro/Brasilien

Aridität und Humidität: Die folgende Tabelle erläutert typische Klimaprädikate auf der Grundlage von Niederschlag und Verdunstung, die in der Literatur Eingang gefunden haben.

Bezeichnung	Verhältnis Niederschlag (NS) zu Verdunstung	Beschreibung
perhumid	NS > Verdunstung	ständig (ganzjährig) ausreichend Wasser
humid	NS > Verdunstung	kurze Trockenphasen möglich
subhumid	NS =/> Verdunstung	längere Trockenphasen mit zeitlichem Wasserdefizit
semiarid	NS < Verdunstung	Wasserdefizit, periodische Feuchtphase eingeschaltet
arid	NS < Verdunstung	ständiger Wassermangel, nur kurze Feuchtphasen möglich
perarid	NS < Verdunstung	ständiger Wassermangel, nur episodische Niederschläge möglich

CHECKLISTE

2 Klimageografische Grundlagen

- klassisches Zirkulationsschema: **Passatwindkreislauf, Antipassat, subtropischer Hochdruckgürtel, Corioliskraft, Monsun**
- planetarische Zirkulation: **Polarhoch, subpolare Tiefdruckrinne, subtropischer Hochdruckgürtel, tropische Konvergenz, ITC (Innertropical Convergence Zone) und deren Aufspaltung, Zirkulationszellen, Höhenwestwinde, Jetstream, Zyklone und Antizyklone, Südost- und Nordostpassat, äquatoriale Westströmung, Hadley-Zelle und Ferrel-Zelle**
- Monsuntheorien **verstehen und erklären**
- Klimabegriffe: **Wetter, Witterung und Klima**
- Klimaelemente: **Temperatur, Niederschlag und Niederschlagsarten, Luftdruck, Luftfeuchtigkeit (absolut und relativ)**
- Klimadiagramme lesen und interpretieren: **Klimadiagramm Walther/Lieth, Thermoisoplethendiagramm, Klimogramm**

3 Grundlegende Fakten zum Bereich Wasser

Wasser ist einer der bedeutendsten Geofaktoren im Geoökosystem der Erde. Das Wasser der Erde und damit die Wasserverfügbarkeit ist zonal unterschiedlich auf unserem Planeten verteilt.

3.1 Wasser als Lebensgrundlage

Die **Hydrosphäre** umfasst den Bereich der Erde, in dem sich H_2O in den Aggregatsformen fest, flüssig und gasförmig befindet. Hierzu zählen Ozeane, Süß- oder Frischwasservorkommen in Gletschereis, in Grundwasserreservoirs, in Flüssen und Seen, als Bodenfeuchte und in der Atmosphäre.
Wasser ist als direkte Lebensgrundlage für die Existenz von Menschen, Tieren und Pflanzen unabdingbar. Darüber hinaus trägt es zum eigentlichen Funktionieren des Gesamtökosystems Erde wesentlich bei.

- **Bedeutung als Bestandteil von Organismen, z. B.**
  - Körperflüssigkeit, Grundlage für Stoffwechselprozesse
  - Körpertemperaturregler (Schweiß, Verdunstungskälte)
  - Trinkwasser, Entgiftungsmedium (Ausscheidung)
- **Bedeutung als Klima steuernder Bestandteil, z. B.**
  - Temperaturspeicher und -puffer innerhalb der Atmosphäre
  - Temperaturspeicher und -puffer innerhalb der Meere
  - Niederschlagsbringer
  - ausgleichendes Medium in den Meeresströmungen
- **Bedeutung innerhalb der Landwirtschaft, z. B.**
  - Grundelement für das Pflanzenwachstum
  - künstliche Bewässerung (Bewässerungslandwirtschaft)
- **Bedeutung für die industrielle Produktion, z. B.**
  - Grundstoff für die chemische Industrie
  - Kühl- und Reinigungsmittel, Träger der Abwasserentsorgung
- **Bedeutung für die Energiegewinnung, z. B.**
  - Kühlmittel in Kraftwerken
  - Wasserkraft als Energieträger
- **Bedeutung für die Freizeitnutzung, z. B.**
  - Badelandschaften, Wassersport und Wintersport

3.2 Globale Wasserverteilung und Wasserkreislauf

Die **Hydrologie** befasst sich mit der Erforschung des Wassers und seinen Aggregatzuständen (flüssig, gasförmig, fest) über, auf und unter der Erdoberfläche. Die **Hydrogeografie** erforscht die Erscheinungsformen des Wassers in ihrer räumlichen Einwirkung auf das Landschaftsbild und den Landschaftshaushalt.

Assoziierte Wissenschaftszweige der Hydrogeografie sind **Flusskunde** (Potamologie), **Seenkunde** (Limnologie), **Meereskunde** (Ozeanografie), **Grundwasser- und Quellenkunde**, **Klimatologie**, sowie Forschungszweige, die sich mit dem **Wasserhaushalt** und der **Wasserwirtschaft** beschäftigen.

Die Erde verfügt über ein Wasservolumen von ca. 1,4 Milliarden km³. 97,6 % dieses Volumens befinden sich allein in den Ozeanen, lediglich 2,4 % auf den Festländern. In der Atmosphäre befinden sich etwa 13000 km³ Wasserdampf, (0,001 %). Die globale Niederschlagsmenge beträgt pro Jahr etwa 516 km³.

Wasservorkommen	**Volumen (in 1000 km³)**	**Prozentanteil**
Ozeane	1350400	97,6
Landflächen gesamt	33432	2,4
– Flüsse	1,7	
– Süßwasserseen	125	
– Binnenmeere und salzhaltige Seen	105	
– Bodenfeuchte	150	
– Wasser in Biomasse	50	
– Grundwasser	7000	
– Gletschereis	26000	

Der Wasserhaushalt der Erde wird in der **globalen Wasserhaushaltsgleichung** festgehalten:

$$N = V + A + (R - B)$$

N = Niederschlag (einschließlich Nebel, Tau, Reif, Hagel, Schnee etc.)
V = Verdunstung; A = Abfluss; R = Rücklage (Bodenfeuchte, Eis, stehende Gewässer, etc.); B = Aufbrauch (Entnahme aus R durch Verdunstung und Abfluss)

- Niederschlag und Abfluss: **Niederschlag** ist Wasser, welches aus der Lufthülle in flüssiger oder fester Form abgegeben wird. Hierzu zählen z. B. Regen, Nieselregen, Schneeflocken, Schneeregen, Graupel und Hagel. Die jährlichen Niederschlagsmengen zeigen in Abhängigkeit von der

Breitenlage (Nord)	**Jahresniederschlagsmenge**	**Abfluss**
0° – 10°	1720 mm	570 mm
10° – 20°	950 mm	350 mm
20° – 30°	790 mm	290 mm
30° – 40°	520 mm	140 mm
40° – 50°	510 mm	180 mm
50° – 60°	500 mm	140 mm

Breitenlage und von den örtlichen Gegebenheiten (z. B. Luv- oder Leelage) regional extreme Unterschiede. Unter **Abfluss** versteht man Niederschlagswasser, welches nicht verdunstet oder gespeichert wird, sondern in Wasserläufen abfließt. Die Tabelle zeigt ausgewählte Durchschnittswerte von Niederschlag und Abfluss auf der Nordhalbkugel in Abhängigkeit von der Breitenlage.

- **Verdunstung:** Hier handelt es sich um einen physikalischen Prozess, bei dem als Folge der eingestrahlten Sonnenenergie Wasser in den gasförmigen Aggregatzustand (Wasserdampf) übergeführt wird. Man unterscheidet die **potenzielle Verdunstung** (die unter den gegebenen Klimabedingungen maximal mögliche) von der **tatsächlichen Verdunstung** (die in Wirklichkeit gemessene Verdunstung). **Evaporation** bezeichnet die Verdunstung, die über einer freien Wasserfläche oder in Zonen ohne Vegetation stattfindet, **Evapotranspiration** die Verdunstung, die von der Gesamtfläche einer Region (Landfläche plus Summe der Oberflächen von Pflanzen an Blättern, Stämmen und Stengeln usw.) ausgeht.
- Der **globale Wasserkreislauf** kann wie folgt dargestellt werden:

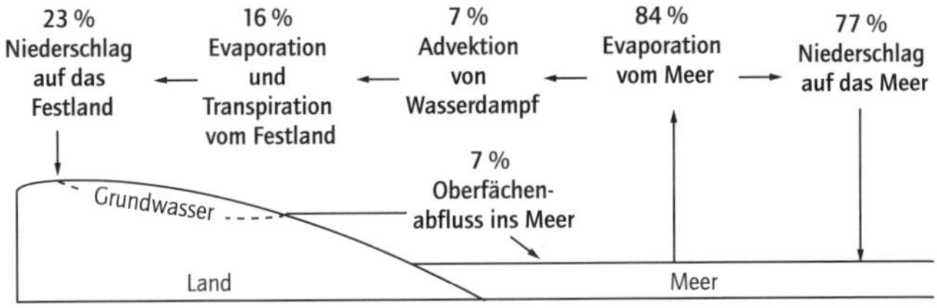

Advektion = horizontaler Luftmassentransport;
Kondensation = physikalischer Vorgang, bei dem durch Abkühlen meist infolge von Luftmassenaufstieg der Taupunkt/Wasserdampfsättigungsgrad erreicht wird und gasförmiges H_2O in flüssiges H_2O übergeführt wird

3.3 Wasser in der Bewässerungslandwirtschaft

Als **Bewässerungslandwirtschaft (Bewässerungsfeldbau)** bezeichnet man alle Maßnahmen, bei denen in Gebieten ohne oder mit geringen natürlichen Niederschlagsmengen oder während Trockenphasen Wasser künstlich auf landwirtschaftliche Anbauflächen gebracht wird. Im Gegensatz hierzu versteht man unter **Regenfeldbau** (auch: **Trockenfeldbau**) den Anbau von Kulturen lediglich unter Zuhilfenahme der vorhandenen natürlichen Niederschlagsmengen.

MERKE ▪ Arten und Funktionsweisen künstlicher Bewässerung

- **Furchenbewässerung, Berieselung:** Von Kanälen, Stauseen oder anderen Reservoirs wird Wasser abgeleitet und in Rinnen oder Furchen auf die Anbaufläche gebracht; in ariden und semiariden Gebieten hohe Verdunstungsverluste
- **Beregnung:** Besonders im Gartenbau verwendetes Verfahren, bei dem Wasser über Sprenganlagen aufgebracht wird; teilweise hohe Verdunstungsverluste, hoher technischer Aufwand, kostenintensiv
- **Tröpfchenbewässerung:** moderne, Wasser sparende Methode, bei der über poröse Schlauchleitungen Bewässerungswasser direkt an die Pflanzen gebracht wird; diese Leitungen können auf oder unter dem Erdboden (Unterflurbewässerung, geringste Verdunstungsverluste) verlegt sein

Die **Trockengrenze des Regenfeldbaus** (Grenzlinie zwischen Gebieten mit Niederschlagsüberschuss und denen mit Niederschlagsdefizit) variiert räumlich sehr stark und hängt von den Einflussfaktoren Jahresniederschlag, Jahresdurchschnittstemperatur und Verdunstungsrate ab.
Hierbei gilt als globale Durchschnittsgleichung

Niederschlag = 15 · Jahresdurchschnittstemperatur.

Bei einer Jahresdurchschnittstemperatur von 22° Celsius sind also für den Regenfeldbau mindestens 330 mm Jahresniederschlag nötig.

CHECKLISTE

3 Grundlegende Fakten zum Bereich Wasser

- **Hydrosphäre:** Meerwasser, Süß- oder Frischwasser, fester, flüssiger und gasförmiger Aggregatszustand, Grundwasser, in Eis gebundenes Wasser, Bodenfeuchte
- Wasser als **Lebensgrundlage**
- **globale Wasserverteilung und Wasserkreislauf:** Hydrologie und Hydrogeografie, Wasserhaushalt und Wasserwirtschaft, globale Wasserhaushaltsgleichung, Niederschlag und Abfluss, Verdunstung (potenzielle, tatsächliche, Evaporation, Evapotranspiration), globaler Wasserkreislauf
- **Wasser in der Landwirtschaft:** Furchenbewässerung, Berieselung, Beregnung, Tröpfchenbewässerung, Regenfeldbau, Trockenfeldbau

4 Grundlegende Fakten zum Bereich Boden

Die Bodenentstehung ist in den verschiedenen Klimazonen unterschiedlichen Prozessen unterworfen und liefert deshalb unterschiedliche Bodenarten und Bodentypen. In den verschiedenen Klimazonen sind die vorhandenen und im Prozess der Um- und Neubildung begriffenen Böden Hauptstandortträger für die landwirtschaftliche Produktion.

4.1 Bodendefinition

> **Boden** ist das mit Wasser, Luft und Lebewesen durchsetzte, unter dem **Einfluss der Umweltfaktoren an der Erdoberfläche entstandene** und im **Ablauf der Zeit** sich weiterentwickelnde **Umwandlungsprodukt mineralischer und organischer Substanzen** mit eigener morphologischer Organisation, das in der Lage ist, höheren Pflanzen als **Standort** zu dienen und die **Lebensgrundlage für Tiere und Menschen** bildet. Als Raum-Zeit-Struktur ist der Boden ein **vierdimensionales System**.
>
> **(Diedrich Schroeder, in: Bodenkunde in Stichworten, Verlag Ferdinand Hirt 1982)**

Aus dieser Definition wird ersichtlich, dass die Entwicklung von Böden einen ständigen Prozess darstellt. Ein vorhandener Boden mit seinem typischen **Bodenprofil** ist also nichts anderes als eine Momentaufnahme innerhalb einer Entwicklung.

Veränderungen der Umgebungsbedingungen, wie etwa Klimaveränderungen, Reliefveränderungen durch tektonische Vorgänge, die Aufschüttung neuer mineralischer Substanzen (z. B. Asche im Gefolge eines Vulkanausbruchs) oder die Veränderungen des Bodens durch den Landwirtschaft betreibenden Menschen (z. B. Pflügen, Verdichten, etc.) resultieren so auch in Veränderungen der Bodenentwicklung und Bodenstruktur.

Die folgenden Übersichten erläutern die Bodenbestandteile einschließlich der für die Bodenentwicklung wichtigsten Prozesse im Überblick. Hierbei handelt es sich um eine Feingliederung aller am Bodenbildungsprozess beteiligten Faktoren und Teilelemente. Aus den Übersichten werden im Folgenden die zum grundsätzlichen Verständnis wichtigen Elemente beschrieben.

4.2 Bodenbestandteile und Bodenbildung

Mineralische Bestandteile

Wichtige **Ausgangssubstanzen** sind **Minerale** (Silikate wie Olivin, Glimmer, Feldspat, aus denen durch Verwitterung Neubildungen entstehen und Nährstoffe freigesetzt werden können) und **Gesteine** (Gemenge von Mineralen in Form von → Magmatiten, → Metamorphiten und → Sedimentgesteinen). **Prozesse der Umwandlung** sind **Verwitterung** und **Mineralneubildung**. Unter **physikalischer Verwitterung** versteht man den Zerfall von Mineralen und Gestein durch physikalische Einwirkungen wie etwa Temperaturwechsel, Frostsprengung und Sprengung durch das Wachstum der Pflanzenwurzeln. **Chemische Verwitterung** bewirkt weitere Zersetzungsvorgänge unter Beteiligung von H_2O, CO_2, O_2 und Wasserstoff-Ionen. Unterschieden werden hier die **Lösungsverwitterung** (besonders bei wasserlöslichen Salzen), die **Hydrolyse** (z. B. durch Dissoziation des Wassers in H^+- und OH^--Ionen und Zersetzung von Calciumcarbonat-Gestein in Karstgebieten), die **Säurewirkung** (Wirkung von H^+-Ionen aus Kohlensäure, stärker als Hydrolyse) und die **Oxidation** (Kristallgitterauflockerung von Gesteinen durch Luftsauerstoff in Verbindung mit Wasser und Bodenorganismen).

Verwitterung zersetzt Minerale und Gesteine so stark in kleinere Bestandteile, dass aus ihnen neue Minerale gebildet werden. Ein besonders wichtiger Prozess ist hierbei die **Entstehung der Tonminerale**. Sie entstehen aus Verwitterungsprodukten silikatischer Gesteine oder durch völlige Neubildung. Ihre großen spezifischen Oberflächen können H_2O-Moleküle und Ionen (Nährstoffe) einlagern und wieder abgeben, somit quellen und schrumpfen. Sie bestimmen so die Fähigkeit eines Bodens, Wasser und Nährstoffe zeitweilig zwischenzuspeichern. Bei der Tonmineralneubildung werden **Zweischicht-** (z. B. Kaolinit), **Dreischicht-** (z. B. Illit und Montmorillonit) oder **Vierschichttonminerale** (z. B. Chlorit) geformt.

Bei Zweischichttonmineralen ist der Abstand zwischen den beiden Schichtkomplexen klein. Somit besitzen Böden mit solchen Mineralen eine geringe Nährstoffanlagerungsmöglichkeit. Mit Zunahme der Schichtigkeit bei 3- und 4-Schicht-Tonmineralen erhöht sich auch die chemische Fähigkeit, Wasser und Nährstoffe zwischenzuspeichern.

Mineralneubildung resultiert außerdem in der Entstehung von Oxiden und Hydroxiden. Beispiele hierfür sind Opal, Quarz, Eisenhydroxid, Hämatit und Manganit.

Organische Bestandteile

Sie bilden den **Humuskörper** des Bodens (**Humus** = abgestorbene organische Bodensubstanz). Die Gruppe der **Bodenorganismen** setzt sich aus der **Bodenflora** (z. B. Bakterien, Pilze, Algen und Flechten) und der **Bodenfauna** (z. B. Fadenwürmer, Milben, Borstenwürmer, Regenwürmer, Asseln, Larven, Schnecken und anderen) zusammen. **Organische Ausgangssubstanzen** sind z. B. Pflanzenwurzeln, Abfallprodukte (Blätter, Nadeln und Zweige) und Vegetationsreste von Kräutern, Gräsern und aus Ernterückständen (z. B. Stoppeln). **Prozesse der Umwandlung** organischer Substanzen sind **Verwesung** und **Humifizierung**. Die Verwesung umfasst Teilprozesse der Hydrolyse und Oxidation, der mechanischen Zerkleinerung durch Bodenlebewesen und des mikrobiellen Abbaus. Bei der Humifizierung entstehen durch chemische Reaktionen und biotische Prozesse **Huminstoffe**, dunkel gefärbte organische Kolloide (Teilchen < 2 mm), die wesentlich die Wasser- und Nährstoffspeicherfähigkeit des Bodens beeinflussen.

Bodenwasser und Bodenluft

Unterschieden werden **Haftwasser** und **Sickerwasser**. Haftwasser verbleibt entgegen der Schwerkraft im Boden in Form von **Adsorptionswasser** (z. B. an den Oberflächen von mineralischen Partikeln oder Pflanzenwurzeln) oder **Kapillarwasser** (in vertikalen Haarrissen des Bodens oder Poren). Sickerwasser folgt der Schwerkraft und speist den **Grundwasser- und Stauwasserkörper**. Wie Bodenwasser bestimmt auch die **Bodenluft** die Standortgunst einer Pflanze. Bodenluft beeinträchtigt die Atmung der Pflanzenwurzeln und Mikroorganismen und steuert chemische Bodenbildungsprozesse.

4.3 Bodenart, Bodentyp und Verteilungsmuster

Bodenarten

Die **Korngröße** bezieht sich auf die Größe der einzelnen mineralischen Bodenpartikel. Die jeweiligen Anteile an bestimmten **Korngrößenklassen** bestimmt die **Bodenart** (zu unterscheiden vom Bodentyp, der die typische Aufeinanderfolge und Beschaffenheit der einzelnen Bodenhorizonte meint).
Folgende Korngrößenklassen werden unterschieden:

Korngrößendurchmesser/mm		**Bezeichnung**	
2–0,063	2000–630 630–200 200–63	Grobsand Mittelsand Feinsand	Sand
0,063–0,002	63–20 20–6,3 6,3–2,0	Grobschluff Mittelschluff Feinschluff	Schluff
< 0,002	2–0,63 0,63–0,2 < 0,2	Grobton Mittelton Feinton	Ton

Mineralische Fragmente von 2 bis 63 mm Durchmesser werden in gerundeter Form als **Kies**, solche von 63 bis 200 mm als **Geröll** bezeichnet. Fragmente über 200 mm Durchmesser nennt man **Blöcke** oder **Geschiebe**. Bei der Bestimmung der **Bodenart** werden die Anteile der Korngrößenfrakturen **Sand, Ton und Schluff** betrachtet. Die Bodenart bestimmt neben anderen Faktoren wie Feuchtigkeitsgehalt, Durchlüftung und Durchwurzelbarkeit das Bearbeiten eines Bodens. Je nach Mischungsverhältnis handelt es sich z. B. um sandigen Schluff oder schluffigen Sand (siehe folgende Abbildung). Eine einigermaßen ausgeglichene Mischung aus Sand, Schluff und Ton heißt **Lehm**. **Geschiebemergel** setzen sich z. B. aus Sand, Schluff, Ton, Kalk und Geschieben (Moränenmaterial aus der eiszeitlichen Vergletscherung) zusammen.

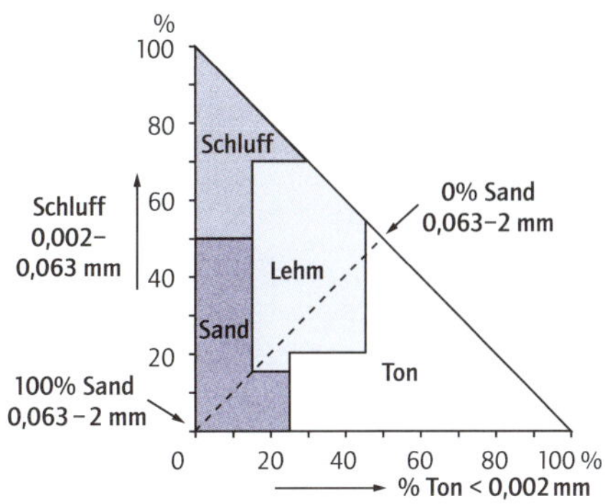

Unterschiedliche Bodenarten besitzen unterschiedliche Bodeneigenschaften und Eignungen für die landwirtschaftliche Inwertsetzung. So zeigen **sandige Böden** zwar eine gute Durchlüftung, jedoch eine geringe Wasser- und Nährstoffspeicherfähigkeit. **Tonige Böden** verfügen über eine hohe Nährstoffaustauschfähigkeit, allerdings über eine schlechte Durchlüftung und eine schlechte Durchdringbarkeit für Pflanzenwurzeln.

Bodentypen

Art und Intensität von Gesteinsverwitterung sowie die Zersetzung organischer Materialien hängen ab vom **Ausgangsgestein** (z. B. Kalkplateau im Hochgebirge, Granituntergrund in Mittelgebirgen) und **den klimatischen Bedingungen**, die höchst unterschiedliche Bodenbildungsprozesse in unterschiedlichen Klimazonen bedingen. Durch Einwirkung von Wasser kommt es in den unterschiedlichen Klimazonen zu Verlagerungsprozessen von organischen und anorganischen Partikeln, welche von höheren in tiefere **Bodenhorizonte** verlagert werden. Die Böden unterschiedlicher Klimaregionen und unterschiedlicher Ausgangsgesteine zeigen deshalb spezifische Abfolgen der **Bodenhorizonte** in Form von **Bodenprofilen**. Unterschiedliche Bodenprofile bestimmen wiederum unterschiedliche **Bodentypen**.

International werden **Bodenhorizonte** wie folgt gekennzeichnet (Auswahl):
A = Oberboden, oberster Bodenhorizont
B = Unterboden, auch Anreicherungshorizont
C = Ausgangsgestein

Sie werden ergänzt durch Indizes, so etwa:
h = humushaltig
e = ausgewaschen, gebleicht
t = mit Ton angereichert
al/fe = mit Aluminium- oder Eisenoxidverbindungen angereichert
sa = mit Salzen angereichert

Die typische **vertikale Abfolge der Bodenhorizonte** eines in Mitteleuropa unter Laubwäldern weit verbreiteten Bodentyps, der **Parabraunerde** (auch: Lessivé), lautet:

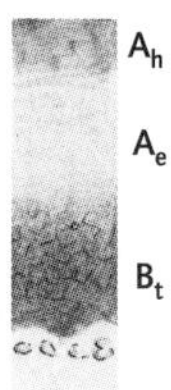

Ah = humoser Oberboden
A_e = ausgewaschener Teil des Oberbodens
B_t = Unterboden mit Tonanreicherung
B_C = Unterboden mit losen Teilen des Ausgangsgesteins
C = Ausgangsgestein

Die Tabelle auf der nächsten Seite zeigt ausgewählte **zonale Böden** (Böden, die vorwiegend in Abhängigkeit von den klimatischen Bedingungen einer Klimazone entstanden sind).

Klima- und vegetationsgeografische Zuordnung (Pol > Äquator)	Bodentyp	Typische Profilfolge
Polare Frostschuttzone ganzjährig tiefe Temperatur schränkt die chemische Verwitterung ein; Frostsprengung bewirkt grobe Zerteilung des Gesteins	**Rohboden** lediglich Gesteinsschuttbildung über dem Ausgangsgestein	 Schutt
Tundra hauptsächlich physikalische Verwitterung; Rohhumusauflage (Ah) aus Zersetzung von Moosen, Flechten und Gräsern	**Tundrengley** Gr = Grundwasserstauhorizont im Sommer (oberflächliches Auftauen, darunter ist der Boden dauergefroren – Permafrost!)	 A_h G_r C
Nadelwald der Taiga Nadelstreu erzeugt saures Sickerwasser, dieses wäscht Nährstoffe aus dem Oberboden aus und verlagert diese in den oberen B-Horizont	**Podsol (Bleicherde)** Ortstein = Verbackung der Nährstoffe; geringe Bodenfruchtbarkeit durch den schwachen Nährstofflieferanten Rohhumus	 A_h A_e Ortstein B C
Laubwaldzone starke Lieferung von Humusmaterial aus den Laubblättern, partielle Ausschwemmung von Tonmineralien aus A_e und Einlagerung in B_t.	**Lessivé Parabraunerde** höhere Bodenfruchtbarkeit durch nährtoffreicheren humosen Oberboden	 A_h A_e B_t C
Langgrassteppe kaum Sickerwasserströme durch Niederschlagsmangel im Sommer (deshalb keine vertikalen Verlagerungen); Winterkälte	**Schwarzerdeboden, Tschernosem** geringer bakterieller Abbau organischen Materials durch Sommertrockenheit und Winterkälte, deshalb mächtiger humoser A-Horizont	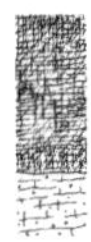 A_h C Löss
Kurzgrassteppe zunehmende Trockenheit und zunehmende Vegetationsbedeckung	**Kastanienbrauner Boden** geringmächtigerer humoser Oberboden; teilweise Kapillarwasseraufstieg und Anreicherung von Salzen im Oberboden	 A_h C_{ca} C
Halbwüste weiter abnehmende Niederschlagssummen, kaum Vegetationsbedeckung	**Grauer Boden** wie bei kastanienbraunen Böden, allerdings noch stärkerer Kapillarwasseraufstieg, Versalzungserscheinungen	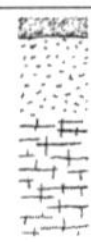 A_h B B_{ca}

Klima- und vegetations-geografische Zuordnung (Pol > Äquator)	Bodentyp	Typische Profilfolge
Wüste kaum chemische Verwitterung infolge Wassermangels; starke physikalische Verwitterung durch starke Tag-Nacht-Temperaturunterschiede	**Rohboden** Bildung eines Schutthorizontes direkt über dem Ausgangsgestein	
Trockensavanne Aufeinanderfolge von Trocken- und Regenzeiten; Zunahme der chemischen Verwitterung und tiefgründigere Böden mit Tonmineralbildung	**Rotbrauner (Fersiallitischer) Boden** mittlere Fruchtbarkeit; Eisen-, Silizium- und Aluminiumverbindungen verbleiben im Oberboden (rotbraune Färbung!)	
Feuchtsavanne, tropischer Regenwald starke chemische Verwitterung infolge hoher Temperaturen, hohen Biomassenanteils und hoher Luftfeuchtigkeit	**Latosol Ferallitischer Boden** tiefgründig verwittert; Dominanz von 2-Schicht-Tonmineralen, daher Nährstoffarmut und geringe Fruchtbarkeit	

Neben der rein zonalen Gliederung der Bodentypen lassen sich diese auch unter Berücksichtigung weiterer Einflussfaktoren hinsichtlich ihrer **Genese** unterteilen in:

- **Lithomorphe Böden:** Ihre Entstehung richtet sich in erster Linie nach dem Ausgangsgestein, der Hanglage (starke Erosion verhindert tiefgründige Entwicklung) und extremen Klimasituationen (z. B. extreme Kälte oder Trockenheit). Beispiele sind Syrosem und Ranker.
- **Klimaphytomorphe Böden:** Ihre Entstehung wird dominiert von den klimatischen und in Abhängigkeit davon vegetationsgeografischen Einflüssen. Beispiele: Lessivé und Podsol.
- **Hydromorphe Böden:** Ihre Entstehung hängt vorwiegend vom Einfluss von Stau- oder Grundwasser ab. Beispiele hierfür sind Stauwasserböden (etwa der Pseudogley) und Grundwasserböden.
- **Anthropomorphe Böden:** Sie entstehen durch die Beeinflussung des wirtschaftenden Menschen. Beispiele: Auftragsböden (Kultosol und Plaggenesch) und Mischböden (Hortisol und Rigosol).

MERKE ▪ Wichtige Begriffe

- **Bodenart, Bodenhorizont, Bodenprofil und Bodentyp**
- **Korngröße, Textur, Korngrößenklasse, Sand, Schluff und Ton**
- **Lehm und Geschiebemergel**
- **Oberboden, Unterboden und Ausgangsgestein**
- **Bodentypen: Rohboden, Tundrengley, Podsol, Lessivé (Parabraunerde), Schwarzerdeboden (Tschernosem), kastanienbraune und graue Böden, Wüstenrohboden, Fersiallitische und Ferralitische Böden, Latosole**
- **zonale Böden, lithomorphe Böden, klimaphytomorphe Böden, hydromorphe Böden, anthropomorphe Böden**

4.4 Boden und Bodenfruchtbarkeit

Als **Bodenfruchtbarkeit** (auch: **Ertragsfähigkeit des Bodens**) bezeichnet man die Eigenschaft des Bodens, Pflanzen als Standort zu dienen und das Pflanzenwachstum zu beeinflussen.

Potenzielle Bodenfruchtbarkeit: die allein von der Bodenstruktur her gesehen höchstmögliche Fruchtbarkeit

Aktuelle Bodenfruchtbarkeit: die tatsächliche, unter Einbeziehung der örtlichen Einflussfaktoren wie Klima, Feuchtigkeit und Niederschlagsverhältnisse, gegebene Fruchtbarkeit; zum Beispiel weist der Schwarzerdeboden der Steppen eine extrem hohe potenzielle Bodenfruchtbarkeit auf, deren aktuelle, also tatsächliche, allerdings unter den gegebenen Umständen (Sommertrockenheit und Winterkälte) wesentlich geringer ist

Die **potenzielle Bodenfruchtbarkeit** hängt von verschiedenen Faktoren wie z.B. verfügbarem Wurzelraum und Durchwurzelbarkeit, Nährstoffhaushalt (Verfügbarkeit und Anlagerungsfähigkeit) und Wasser-, Luft- und Wärmehaushalt ab.

In Deutschland wird die Bodenfruchtbarkeit größtenteils noch nach der 1934 begründeten **Reichsbodenschätzung** in **Bodenzahlen** festgeschrieben. Die **Bodenzahl** ist eine relative Wertzahl, die den erzielbaren Reinertrag eines zu untersuchenden Bodens zu dem des fruchtbarsten Bodens (in Deutschland: Schwarzerdeboden der Magdeburger Börde = Index 100) in Relation setzt. Sie wird aufgrund der Bodenart, des geologischen Ausgangssubstrats und der Zustandsstufe ermittelt. Beispiele: Böden in Deutschland, die aus Löß entstanden, haben Bodenzahlen von 92–100, Kalkböden der Schwäbischen Alb solche zwischen 30 und 50, Moorböden lediglich solche zwischen 10 und 45.

4.5 Bodenbeeinträchtigung

Der Zustand und die Entwicklung von Böden werden durch verschiedenartige Prozesse beeinflusst. Neben den direkten Beeinflussungen durch die Bodenbearbeitung des wirtschaftenden Menschen (z. B. Verdichtung des Oberbodens infolge schwerer Bodenbearbeitungsgeräte, dadurch geringere Belüftung und niedrigere Bodenfruchtbarkeit) spielen insbesondere die Prozesse **Bodenerosion** und **Bodenversalzung** eine oft schädigende Rolle.

Wichtig hierbei ist, dass es sich hierbei um zunächst natürliche Mechanismen handelt, welche jedoch z. B. durch falsche Bodenbearbeitung oder Übernutzung erheblich verstärkt werden können.

Bodenerosion

Die Bodenerosion ist **auf natürliche Weise** bedingt durch Niederschläge und deren Oberflächenabfluss (z. B. fluviatile, also durch Flüsse bewirkte Erosion), durch die Schwerkraft (z. B. Hangrutschen) oder etwa durch den Wind (Ausblasung von Bodenpartikeln).
Bodenerosion **im anthropogenen Sinn** ist die beschleunigte Abtragung und Zerstörung von Kulturböden durch den wirtschaftenden Menschen. Schadenswirkungen hierbei sind z. B. **flächenhafte oder linienhafte Abspülungen** von Bodensubstrat infolge verminderter Wasserspeicherfähigkeit des Bodens im Anschluss an Rodungen.
Zu **Auswehungen (Ausblasungen) des Oberbodens** kommt es besonders in ebenen Gebieten mit hohen Windgeschwindigkeiten im Anschluss an die Entfernung der natürlichen Vegetationsbedeckung und landwirtschaftlicher Übernutzung (Beispiel Weizenanbaugebiete der Steppen Kasachstans und Dust Bowl der 1930er-Jahre in den Great Plains). Werden hierbei große Teile des Oberbodens durch den Wind fortgetragen, so kommt es zu erheblichen Bodenschädigungen bis hin zur völligen Bodenzerstörung (aus dem Amerikanischen: *badlands*).

Bodenversalzung

Besonders in **ariden und semiariden Gebieten**, also dort, wo die Verdunstungswerte die Niederschlagswerte längerfristig übersteigen, kommt es besonders bei falschen Bewässerungstechniken verstärkt zum Prozess der **Bodenversalzung**. In den genannten Gebieten steigt nämlich infolge des sogenannten **Verdunstungssogs** Bodenwasser in feinen, vertikal verlaufenden Haarrissen des Gesteins, den **Bodenkapillaren**, nach oben, löst dabei im Gestein befindliche Salze, welche an der Oberfläche ausblühen und eine feste, für Pflanzenwurzeln undurchdringbare Kruste bilden können.
Die Bodenversalzung wird besonders dann verstärkt, wenn **zu viel Bewässerungswasser** aufgebracht wird. Das Zuviel an Wasser sickert durch den Bodenkörper und lässt den Grundwasserspiegel ansteigen. Reicht dieser dann bis in den unteren Bereich der Kapillare hinein, so wird der kapillare Bodenwasseraufstieg beschleunigt und endet in einer vermehrten Salzanreicherung an der Oberfläche. Eine Verminderung dieses Prozesses kann nur durch die **Zerstörung der Kapillare durch Pflügen** (allerdings mit dem Nachteil einer erhöhten Verdunstung und Austrocknung des Bodens verbunden) oder durch **Drainagen** (Entwässerungskanäle, die das überschüssige Wasser abführen) erreicht werden.

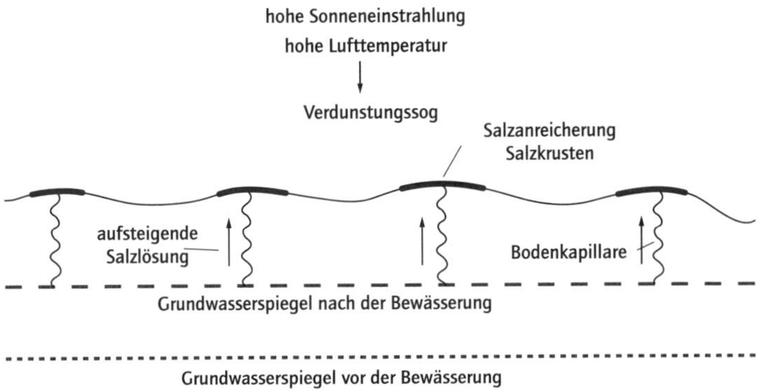

Bodenversalzung durch Kapillarwasseraufstieg

CHECKLISTE

4 Grundlegende Fakten zum Bereich Boden

- Begriffsdefinition Böden
- Bodenprofil
- Grundbegriffe: mineralische Bodenbestandteile, Ausgangssubstanz, Mineral, Gestein, Verwitterung, Mineralneubildung, physikalische Verwitterung (z. B. Frostsprengung), chemische Verwitterung (z. B. Lösungswitterung, Hydrolyse, Säurewirkung und Oxidation)
- Tonmineralentstehung: Zwei-, Drei- und Vierschichttonminerale
- organische Bodenbestandteile: Humus, Bodenorganismen, Bodenflora, Verwesung und Humifizierung
- Bodenwasser und Bodenluft: Haftwasser, Sickerwasser, Adsorptionswasser, Kapillarwasser, Grundwasser und Stauwasser
- Bodenart und Bodentyp: Korngröße, Korngrößenklassen, Sand, Ton, Schluff, Lehm und Geschiebelehm; Bodenhorizonte (A, B, C), Bodenprofile
- Standardböden in ihrer zonalen Abfolge kennen (zonale Böden): Rohboden der Polarzone, Tundrengley des Tundrengürtels, Podsol des borealen Nadelwalds, Parabraunerde der Laubwaldzone, Schwarzerdeboden der Langgrassteppe, kastanienbraune Böden der Kurzgrassteppe, graue Böden der Halbwüsten, Rohböden der Wüsten, rotbraune fersiallitische Böden der Savannen, ferallitische Böden der inneren Tropen
- azonale Böden: lithomorphe, klimaphytomorphe, hydromorphe und anthromorphe Böden
- Bodenfruchtbarkeit: potenzielle und aktuelle, Reichsbodenschätzung, Bodenzahl
- Beeinträchtigung von Böden: Bodenerosion (flächenhaft und linienhaft), Auswehung (Deflation), anthropogenes Wirkungsgefüge, Bodenversalzung (Bodenkapillare), Verdunstungssog, Rolle der künstlichen Bewässerung, Drainage-Maßnahmen

5 Geoökosysteme

Die verschiedenen natürlichen und anthropogen bedingten Prozesse auf der Erde werden in den modernen Geowissenschaften heutzutage nicht mehr nur individuell, sondern in ihrem komplexen Wirkungszusammenhang untersucht. Für das Verständnis dieser Zusammenhänge ist Grundwissen über die Ökosystemtheorie notwendig.

5.1 Der Begriff des Ökosystems

In den Raumwissenschaften findet die Ökologie ihre Verwirklichung in der **Landschaftsökologie** (**Landschaft** = ein geografischer Raum, mit Einflussfaktoren wie Klima, Boden, Vegetation, endogene und exogene Kräfte, Aktivitäten des Menschen usw.). Die **moderne Landschaftsökologie** beschreibt die Gesamtheit an **Biozönose** (typische Lebensgemeinschaft, Organismenkollektiv, z. B. Mikroorganismen, Pflanzen und Tiere) und **Biotop** (Standort, Umweltfaktoren, z. B. Wasserhaushalt, Boden, Klima). In einer Landschaft sind drei unterschiedliche **Ökofaktoren** aktiv, die **biotischen Faktoren** (Organismen einschließlich ihrer Wechselbeziehungen), die **abiotischen Faktoren** (unbelebte Systemteile, wie etwa Relief, Bodenbeschaffenheit und Klima) und die **sozioökonomischen Faktoren** (z. B. Einwirkungen des wirtschaftenden Menschen durch Landwirtschaft, Besiedelung, Industrie usw.).

DEFINITION ▪ Ökologie

Ökologie (griech. *Oikos* = Haus) ist die Wissenschaft von den Beziehungen des Organismus zur umgebenden Außenwelt (alle Umwelteinflüsse und Außenbedingungen). Diese Definition von Haeckel beschreibt Ökologie als Lehre von Elementen des Naturhaushalts und ihren Wechselbeziehungen.

Landschaftsökologie: Das Studium des gesamten, in einem bestimmten Landschaftsausschnitt herrschenden Wirkungsgefüges zwischen den Lebensgemeinschaften (Biozönosen) und ihren Umweltbedingungen. Dies äußert sich räumlich in einem bestimmten Verbreitungsmuster [...]

C. Troll: Landschaftsökologie.
In: Pflanzensoziologie und Landschaftsökologie, Den Haag, 1968.

MERKE ▪ **Hauptmerkmale unbeeinflusster Ökosysteme**

- **Diversität z. B. Vielfalt der Fisch-, Krustentier-, Korallen-, Algen-, Pflanzen- und Schwammarten in einem Korallenriff**
- **Produktivität z. B. Biomassenproduktion und -abbau der Lebewesen in einer bestimmten Vegetationszone**
- **Stabilität z. B. relativ gleichbleibende Lebensverhältnisse über einen längeren Zeitraum hinweg**
- **Selbstregelungsfähigkeit z. B. Kompensation von Störungen im langjährigen Mittel**

Das **ökologische Gleichgewicht** (auch: **dynamisches Fließgleichgewicht**) eines Ökosystems bezeichnet dessen Fähigkeit, bei Veränderungen der Umwelteinflüsse selbsttätig über Regelkreise eine Gegenveränderung hervorzurufen, die den ursprünglichen Zustand des Ökosystems langfristig wiederherstellt. Das Trachten nach ökologischem Gleichgewicht kann am besten durch den folgenden Heizregelungskreis mit seinen **Rückkoppelungseffekten** beschrieben werden:

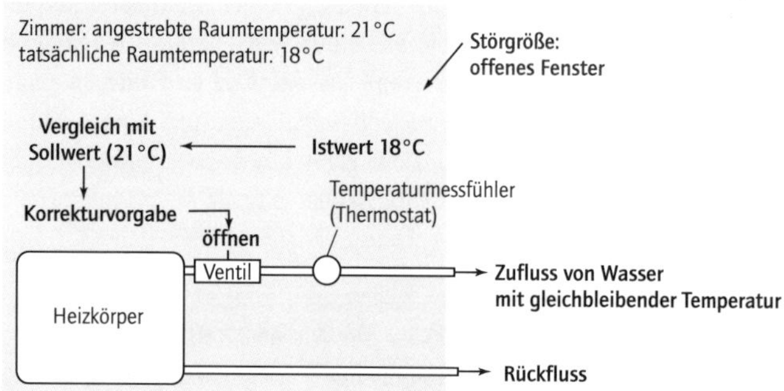

Rückkoppelung innerhalb eines einfachen Heizkreislaufs

Insgesamt betrachtet stellt die gesamte Erde ein riesiges **Großökosystem** dar. Ökosysteme existieren klimatisch auf unterschiedlichen Niveaus, von mikroklimatischen (z. B. Standorten von Pflanzengesellschaften innerhalb einer Talmulde) bis hin zu großklimatischen Systemen (z. B. globaler Wasserkreislauf).

MERKE ▪ Grundlagen der Ökologie
- **Definitionen Ökosystem, Landschaftsökologie und Landschaft**
- **Biozönose und Biotop**
- **Ökofaktoren: biotische, abiotische und sozioökonomische**
- **Merkmale von Ökosystemen: Diversität, Produktivität, Stabilität und Selbstregelungsfähigkeit**
- **Ökologisches Gleichgewicht (dynamisches Fließgleichgewicht) und Rückkoppelungseffekte**

5.2 Arten von Geoökosystemen

Beispiele unterschiedlicher Ökosystem-Arten (jeweils von globalen zu kleinräumigen Dimensionen)
- **terrestrische Ökosysteme:** Planet Erde – Tropen – tropischer Regenwald – Lebensgemeinschaften in einer Baumkrone
- **semiterrestrische Ökosysteme:** Lebensgemeinschaften im Übergangsbereich zwischen Land und Meer – das Watt
- **marine Ökosysteme:** die Ozeane – tropische Meere – Lebensgemeinschaft innerhalb eines Korallenriffs
- **limnische Ökosysteme:** Gesamtsystem Bodensee – Uferbereich – Lebensgemeinschaften im Schilfgürtel

5.3 Zusammenwirken unterschiedlicher Geofaktoren: Klima, Vegetation und Boden

Die **Geofaktoren Klima, Vegetation** und **Boden** stellen einzelne **biotische** (lebende) und **abiotische** (unbelebte) Elemente eines Ökosystems dar, beeinflussen sich gegenseitig und bilden untereinander Wechselbeziehungen.

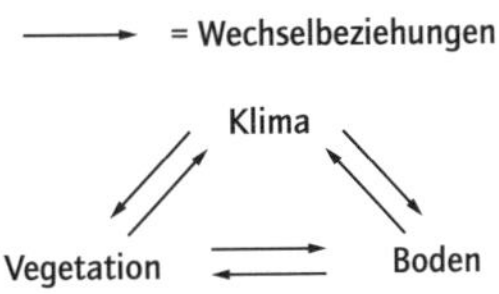

Geofaktorendreieck

	Wechselbeziehung zu Faktor 2:	Wechselbeziehung zu Faktor 3:
Klima	**Vegetation:** z. B. Einschalten einer sommerlichen Trockenperiode in den Savannengebieten führt zu Anpasssung der Vegetation an sommerliche Aridität, z. B. Stammverdickung (Wasserspeicher), Verkleinerung der Blattgröße bis hin zur Entwicklung von Dornen, wachsartiger Blattüberzug (Verdunstungsschutz)	**Bodenentwicklung:** z. B. Entstehen von tiefgründig verwitterten Böden in den inneren Tropen durch hohen Anteil chemischer Verwitterung bei hoher Luftfeuchtigkeit und hohen Temperaturen
Vegetation	**Klima:** z. B. Auswirkungen eines Mischwaldes auf die mikroklimatischen Bedingungen: Temperaturpuffer, Zwischenspeicher für Niederschläge etc.	**Bodenentwicklung:** z. B. Entstehung von sauren Bodenmilieus durch Nadelstreu in einem Nadelwaldgebiet: Podsol
Boden-entwicklung	**Klima:** über Vegetationsentwicklung Auswirkungen auf das Klima	**Vegetation:** z. B. Entstehung einer typischen Halophytenvegetation (salzliebende Pflanzen) in Gebieten mit salzhaltigen Böden, so etwa Queller in meeresnahen Dünenbereichen

Beispiele wechselseitiger Beeinflussungen

5.4 Klima- und Vegetationszonen der Erde

Bei der Beschreibung von Klima- und Vegetationszonen muss Folgendes beachtet werden:

- **Klima- und Vegetationszonen bedingen sich in ihrer räumlichen Verteilung gegenseitig** (Beispiel: ganzjährig humides, warmes Klima der Inneren Tropen bewirkt die Verbreitung von tropischen Regenwäldern).
- Die Klimazonen (und in ihrer räumlichen Abhängigkeit die Vegetationszonen) sind letztlich **räumliche Ausprägung der Verteilung der Windgürtel entsprechend der planetarischen Zirkulation** und des in Jahressumme **unterschiedlichen Einstrahlungswinkels der Sonne** (unterschiedliche Wärmesummen in unterschiedlichen geografischen Breiten).
- Klassische Klima- und Vegetationsgürtel existieren nur theoretisch. Entsprechend der neueren Theorien zur planetarischen Zirkulation (Zellenförmigkeit) sind auch Klima- und Vegetationszonen nicht gleichmäßig gürtelhaft um den Erdball verteilt. Sie werden durch verschiedene Einflussfaktoren, wie etwa Land-Meer-Verteilung, Einfluss verschiedener Meeresströmungen usw. „deformiert".

- Außerdem beeinflussen lokale Faktoren das Klima und die Vegetation innerhalb einer Zone. Diese sind beispielsweise die **hypsometrische (höhenbezogene) Komponente** (→ *Abschnitt 5*). Innerhalb der innertropischen Zone verändert ein Hochgebirge beispielsweise die normalerweise vorkommende Vegetation und das Klima drastisch. Zudem wirken **lokale Faktoren** wie Exposition zur Sonne, bestimmte Bodenuntergründe, Windverhältnisse und die Lage (z. B. am Hang eines Gebirges: evtl. Steigungsregen).
- Spricht man von Klima- und Vegetationszonen, so muss beachtet werden, dass es sich hierbei immer um **vom Menschen weitgehend unbeeinflusste, also potenziell natürliche Formen des Klimas und der Vegetation** handelt.

Klimaklassifikationen

In der Literatur gibt es sehr verschiedenartige Klimaklassifikationen. **Genetische Klassifikationen** (z. B. nach Troll und Pfaffen) beschreiben Klimazonen als Folge der Einwirkung der atmosphärischen Zirkulation. **Effektive Klassifikationen** (z. B. nach Köppen) erklären Klimazonen infolge der Auswirkung des Klimas auf Einzelerscheinungen an der Erdoberfläche, so etwa Verdunstung, Niederschlag und Vegetationsform.

Im Folgenden wird die bekannte **Köppen'sche Klimaklassifikation** kurz erläutert. Köppen findet eine klimatische Abgrenzung durch Klimaformeln, die Schwellenwerte von Niederschlag und Temperatur beschreiben. Er gliedert fünf Klimazonen aus (Bezeichnung mit den Großbuchstaben A bis E vom Äquator zum Pol hin). Grundlage dieser Differenzierung ist die Tatsache, dass äquatornahe Gebiete durch ein **Tageszeitenklima** (t-Schwankungen im Tagesverlauf > Jahresverlauf), Gebiete höherer Breiten durch ein **Jahreszeitenklima** (t-Schwankungen im Jahresverlauf > Tagesverlauf) gekennzeichnet werden. Zur weiteren Unterteilung der Klimazonen in Klimatypen verwendet er Kleinbuchstaben und zur Differenzierung dieser **Klimatypen** in **Klimauntertypen** einen weiteren kleinbuchstabigen Index, z. B. $\mathbf{A_f}$: **A = Tropisches Regenklima; f = immerfeucht.**

MERKE ▪ Köppen'sche Klimaklassifikation

Klimazonenbezeichnungen

A Tropisches Regenklima mit ganzjährigen Monatsmitteln > – 18 °C
B Trockenklima
C Warmgemäßigtes Klima mit kältestem Monatsmittel zwischen – 3 °C und 18 °C
D Boreales oder Schnee-Wald-Klima mit kältestem Monatsmittel <– 3 °C und wärmsten Monatsmittel > 10 °C
E Schneeklima mit wärmsten Monatsmittel < 10 °C

Klimatypenindizes

f immerfeucht
m Regenwaldklima trotz Trockenzeit
s sommertrocken
w wintertrocken
S Steppenklima
W Wüstenklima
T Tundrenklima (mind. 1 Monat > 0 °C)
F Frostklima (alle Monatsmittel < 0 °C)

Klimauntertypenindizes

a heiße Sommer
b warme Sommer
c kühle Sommer
d strenge Winter
h heiß (Jahresmittel-t > 18 °C)
k kalt (Jahresmittel-t < 18 °C

Wichtiger Hinweis: Weltkarten mit den Klimazonierungen finden sich in jedem zugelassenen Atlas (meistens mit der Köppen'schen Klassifikation). Auf einer solchen Atlaskarte lassen sich die Klimazonen aufgrund des größeren Formats wesentlich besser abbilden als auf einer der Seiten dieses Buches. Sie sollten sich mit dieser Kartendarstellung vertraut machen.

Beschreibung wichtiger Klima- und Vegetationszonen vom Äquator zum Pol

Beachten Sie: Viele der Klima- und Vegetationszonen verlaufen in etwa breitenkreisparallel, jedoch hängt die Ausprägung anderer auch von ihrer Lage innerhalb oder am Rande eines Kontinents ab (siehe auch eine Atlaskarte mit Köppen'scher Klimaklassifikation). Die Angaben der folgenden Beschreibung der Klimazonen beziehen sich grundsätzlich auf Meereshöhe.

Die Tropen

Mathematisch lassen sich die Tropen als der Bereich **zwischen den beiden Wendekreisen** definieren. Allerdings erfährt die räumliche Ausprägung der Tropenzone durch die Land-Meer-Verteilung, durch die spezifische Lage innerhalb eines Kontinents oder Archipels und andere Einflussgrößen räumliche Veränderungen.

Die Tropen werden unterteilt in

a) die **immerfeuchten inneren Tropen**,
b) die **wechselfeuchten Tropen** und
c) die **Randtropen**.

Vegetations- und Klimagürtel in den Tropen (Guineaküste bis Nigerbogen)		
Vegetations- und Landschaftsgürtel	**aride Monate**	**Niederschlag in mm**
Tropischer Regenwald: *Zone de la grande fôret dense équatoriale*	0–2,5	> 1500
Feuchtsavanne: *Zone guinéenne*	2,5–5	1500–1000
Trockensavanne: *Zone soudanaise*	5–7,5	1000–500
Dornsavanne: *Zone sahélienne*	7,5–10	500–250
Halbwüste: *Zone sahar méridional*	10–11	< 250

a) Immerfeuchte innere Tropen

Diese Zone erstreckt sich in Äquatornähe mit Unterbrechungen bis etwa 10° nördlicher und südlicher Breite.

Klimamerkmale:

- Tendenz zu **ganzjährig humidem Klima** (höchstens 0–1 aride Monate)
- **hohe Niederschlagssummen** (im Jahresdurchschnitt 1500 bis 5000 mm)
- **Zenitalregen** (Niederschläge aus der tropischen Konvergenzzone)
- Niederschläge als heftige Güsse mit Gewittern, meist am frühen Nachmittag (zeitverzögerte Konvektion von Luftmassen nach dem Sonnenhöchststand am Mittag)
- in Äquatornähe **zwei jahreszeitliche Niederschlagsmaxima** in Frühjahr und Herbst (bedingt durch zweimaligen Durchlauf der ITC entsprechend der Sonnenstandswanderung)
- **hohe Jahresdurchschnittstemperaturen** (etwa 24 bis 28 °C)
- geringe Abweichungen der Monatstemperaturmittel vom Jahresdurchschnitt (deshalb **Tageszeitenklima**)
- Monatsmittel der Temperatur immer > 18 °C (thermische Definition der Tropen!)
- meist nächtliche Abkühlung nicht unter 18 °C
- **hohe chemische Verwitterung** durch ständig hohe Luftfeuchtigkeit, hohe Lufttemperaturen, großes Wasserangebot (Bildung von Säuren!) und hohem Anteil organischer Substanzen

Vegetationsmerkmale:

- tropischer Regenwald mit **hoher Biomassenproduktion**
- **nährstoffarme Böden** (tropische Roterden, Laterite und Latosole mit geringer Kationenaustauschkapazität, geringem Restmineralgehalt, tiefgründiger Verwitterung), dadurch direkter Nährstoffkreislauf zwischen

absterbender Biomasse und Pflanzenwurzeln mithilfe von Pilzgeflechten an den Wurzeln, die als Nährstofffilter dienen
- **Artenreichtum** (meist Vorkommen mehrerer Hundert Baumarten); ganzjähriger Blattfall und Blattwechsel
- **Stockwerksaufbau** mit Baumkronenschicht, Epiphytenschicht und Krautschicht
- **Kauliflorie** (Blüten und Früchte der Bäume treiben direkt am Stamm oder an Hauptästen)
- **Brett- und Stelzwurzeln**

b) Wechselfeuchte Tropen

Sie schließen sich polwärts an die inneren Tropen an.

Klimamerkmale:
- je weiter Annäherung an Wendekreise, desto stärkere und längere **Trockenphase**
- Auftreten von **noch zwei Niederschlagsmaxima auf der äquatorwärtigen Seite**
- in **Richtung Wendekreise Zusammenfallen zu einem Niederschlagsmaximum**
- gleichzeitig polwärtiges Abnehmen der Jahresniederschlagsmengen und Zunahme der **Niederschlagsvariabilität** (unregelmäßiges zeitliches und mengenmäßiges Auftreten)
- Regenzeiten folgen in einigem zeitlichem Abstand der Sonnenstandswanderung
- vorwiegend **Zenitalregen**, selten zyklonaler Niederschlag
- gemeinsames Merkmal der wechselfeuchten Tropen also **Wechsel von humiden und ariden Phasen**
- Lufttemperaturen nehmen zu den Wendekreisen hin generell zu, ebenso die Temperaturunterschiede zwischen den Jahreszeiten bei jedoch **weiterhin vorherrschendem Tageszeitenklima**; Wechsel arider und humider Phasen bedingt häufig starke Wasserstandsschwankungen der Flüsse (Überschwemmungsgefahr)

Vegetationsmerkmale

typisch sind die **Savannen** (Grasland mit einzelnen Bäumen und Büschen); unterschieden wird:
- **Feuchtsavanne:** 2,5 – 5 Monate Trockenzeit, geringe Niederschlagsvariabilität, Jahresniederschläge 1000 – 1500 mm, hohe Gräser (bis 2 m),

vereinzelt hohe Bäume mit Laubwurf in der Trockenzeit, immergrüne niedrige Bäume und Sträucher

- **Trockensavanne:** 5 – 7,5 Monate Trockenheit, hohe Niederschlagsvariabilität, Gräser mit einzelnen Bäumen und Sträuchern mit Laubwurf in der Trockenzeit, Jahresniederschläge 500 – 1000 mm
- **Dornsavanne:** 7,5 – 10 Monate Trockenzeit, sehr hohe Niederschlagsvariabilität, niedriger, unregelmäßiger Graswuchs, Akazien und Dornsträucher, Jahresniederschläge 250 – 500 mm

c) Randtropen

Als Randbereich der Tropen sind die weiter polwärts anschließenden **Halbwüsten** (Übergangsbereiche zu den Wüsten) anzusehen. Die aride Phase beträgt hier ca. 11 Monate bei **höchster Niederschlagsvariabilität**; der noch vorhandene spärliche Bewuchs besteht aus **Gräsern und Kleinpflanzen**. Zur Verminderung der Verdunstungsoberfläche haben sich die Blätter extrem verkleinert (**Kleinblättrigkeit**) oder sind zu **Dornen** verkümmert; **Sukkulenz** (Stammverdickung zur Wasserspeicherung, Beispiel Kaktus).

Die Subtropen

Im Gegensatz zu den Tropen herrschen hier zum Teil **starke jährliche Temperaturschwankungen**. Die Jahrestemperaturamplituden liegen meist deutlich über den Tagesschwankungen, deshalb findet man hier ein **Jahreszeitenklima**. Die Temperaturmittel des kältesten Monats liegen zwischen etwa 2 – 13 °C. Die Subtropen zeigen hinsichtlich der Jahresniederschlagssummen und dem Jahresgang der Niederschläge eine **starke Differenziertheit** (besonders abhängig von der Lage auf einem Kontinent: West- oder Ostseite). Die subtropischen Klimaregionen sind im Vergleich zu den Tropen **weniger breitenkreisparallel** angeordnet. Teile der Subtropen sind **subtropische Halbwüsten- und Wüstenklimate** (z. B. Sahara), **subtropische Winterregengebiete** (z. B. Mittelmeergebiet, Kalifornien, Kapregion Südafrikas) und subtropische Steppenklimate. Die Klimate der Subtropen werden **jahreszeitlich wechselnd** durch ihre **winterliche Lage im Randbereich der Westwindzone** und ihre **sommerliche Lage im Einflussbereich der subtropischen Hochdruckzellen** (mit vorwiegend absinkender, deshalb trockener Luft) bestimmt. Im Folgenden sollen die beiden Zonen **subtropische Wüste** und **subtropisches Winterregengebiet** genauer beschrieben werden.

a) Subtropische Wüsten (auch: Wendekreiswüsten)

Klimamerkmale

- Entstehung durch **absinkende Luftmassen des Antipassats** (Bewölkungsarmut)
- Idealtyp: **Sahara**
- extreme Ariditat (**hyperarid**)
- in Teilen der Sahara oft nur 0–20 mm Niederschlag pro Jahr im langjährigen Mittel; zunehmende Jahresniederschlagssummen nach Norden (Einfluss der Westwindzone, Winterregen) und nach Süden (Einfluss tropischer Luftmassen)
- **episodische Niederschläge**, das heißt keine Regelmäßigkeit
- **extreme Verdunstungswerte** durch **sehr hohe Tageslufttemperaturen** (bis zu 4500 mm potenzielle Verdunstung in der Zentralsahara!)
- **extreme Tag-/Nachttemperaturunterschiede** durch **hohe Einstrahlung tagsüber** und **starke Ausstrahlung in der Nacht**
- deshalb **Tagestemperaturamplituden bis zu 50 °C**
- **Jahresdurchschnittstemperaturen** etwa zwischen **20 und 28 °C**

Vegetationsmerkmale

- kaum Vegetation, nur an begünstigten Stellen, an denen sich Wasser sammelt (Senken, Wadis, in Grundwassernähe)
- **Xerophyten** (hitzebeständige, hartblättrige Pflanzen), Sukkulenten (Wasserspeicherung in der ariden Phase), Halophyten (salzliebende Pflanzen) an besonderen Standorten

b) Subtropische Winterregengebiete

auch: **mediterrane Winterregengebiete**; starke Ausprägung an der Westseite der Kontinente; Beispiele: Mittelmeergebiet, Mittelchile, Kalifornien, südwestliches und südliches Australien und Kapregion Südafrikas

Klimamerkmale

- Jahrsdurchschnittstemperaturen etwa zwischen 13 und 19 °C
- **winterliche Niederschläge durch Einfluss der feuchten Westwinde** und **sommerliche Trockenheit durch Einfluss des subtropischen Hochdruckgürtels**
- **Jahresniederschlagsmengen** etwa zwischen **400 und 900 mm**

Vegetationsmerkmale

Beschrieben wird die **potenzielle, natürliche Vegetation**. Diese wurde im Lauf der Jahrhunderte und Jahrtausende (z. B. Mittelmeerraum!) jedoch entscheidend durch die Aktivitäten des wirtschaftenden Menschen überprägt.

- Anpassung der natürlichen Vegetation an die **sommerliche Trockenheit**
- Reduzierung der Verdunstung durch **Hartblättrigkeit**, **Verkleinerung der Blattflächen**, **tiefere Wurzelbildung** und **dichte Baumrinden**
- typische Baumvertreter sind Flaumeiche, Korkeiche, Steineiche Aleppokiefer, Strandkiefer, Lorbeerbaum
- durch Degradation heute allerdings oft nur noch Buschwald mit Zwergsträuchern (die **Macchie**) vorzufinden

Die gemäßigte Zone

Auch: **Klima der Mittelbreiten** oder **der mittleren Breiten**. Der Begriff **gemäßigt** darf angesichts der hohen Jahrestemperaturamplituden bis etwa 40 Celsiusgrade (Tagestemperaturamplituden über 15 Celsiusgrade) keinesfalls falsch verstanden werden. Die gemäßigte Zone ist eine vielfach differenzierte Klimazone, in der heute weit über 10 Einzelzonen unterschieden werden (vgl. mit geeigneter Atlaskarte).

Klimamerkmale

- **klimatische Vielfalt** (viele Einzelregionen)
- auf der Nordhalbkugel: **gemäßigte Zone entspricht ungefähr der Westwindzone** (nicht auf der Südhalbkugel, wo sie wegen der anderen Land-Meer-Verteilung kaum auftritt)
- maximale Tagestemperaturen über 45 °C, Minimalwerte bis −30 °C
- Vorherrschen des **Jahreszeitenklimas**
- **Monatsmitteltemperaturen der wärmsten Monate zwischen 15 und 20 °C** (in Einzelfällen bis 25 °C), also **relative Einheitlichkeit**
- **Monatsmitteltemperaturen der kältesten Monate allerdings breit gestreut, zwischen −30 und 10 °C**, also **starke Differenziertheit**
- **Jahresmitteltemperaturen etwa zwischen 8 und 12 °C**
- Weitgehende **Lage in der Westwindzone**, große Unterschiede zwischen **ozeanisch geprägten Westseiten der Kontinente** (geringere Jahrestemperaturamplitude) und den **eher kontinental geprägten Ostseiten** (hohe Jahrestemperaturamplitude)

- **Verstärkung des ozeanischen Klimacharakters an der Westseite** Eurasiens durch warmen Golfstrom, **Verstärkung des kontinentalen Charakters an der Ostseite** durch den kalten Labradorstrom und den Oyashiro
- **Gesamtzonale Auswirkungen auf die Vegetation: West-Ost-Abfolge von Waldklimaten** (nach Osten hin zunehmende Kontinentalität), **Nord-Süd-Abfolge von Steppen- und Wüstenklimaten** in den kontinentalen Innenbereichen, **Ost-West-Abfolge von Waldklimaten auf den Ostseiten** (immerfeucht bis sommerfeucht)

Vegetationsmerkmale

- Westränder der Kontinente: niederschlagsreiche Westwinde, milde ozeanische Winter brachten ursprünglich **dichte Laubwaldbestände** hervor (z. B. Irland, Großbritannien, Norwegen, Kalifornien, Chile und Westspanien), die heute jedoch weitgehend gerodet sind
- weiter ostwärts: **hohe Biomassenproduktion** in klimatischen Gunsträumen (**ausreichend Niederschläge durch Einwirken der Westwinde, ausreichend lange Vegetationszeit** [= Anzahl der zusammenhängenden Tage mit einem Temperaturmittel von mindestens 5 °C]) **Laubwälder mit Eichen-, Buchen-, Ahorn-, Birken- und Eschenbeständen**; **winterlicher Blattwurf**; Beispiel: Mitteleuropa
- weiter ostwärts: **steigende Jahrestemperaturamplituden** durch zunehmende Kontinentalität, **Abnahme der Jahresniederschlagssummen durch abnehmenden Einfluss der Westwinde** führt zum Entstehen von **Waldsteppe** (Waldland mit einzelnen Grasflächen), dann nur noch **Grassteppen**
- Grassteppen sind unterteilt in **sommerfeuchte Steppen** (Niederschlagsmaxima spätes Frühjahr und Frühsommer, dichte Grasdecke bei Jahresniederschlägen bis 1000 mm, jedoch hohe Verdunstungsrate, also kaum mehr Bäume) und **sommertrockene Steppen** (geringere Jahresniederschläge bis unter 250 mm bei potenziell hohen Verdunstungsraten bis 1500 mm; tiefwurzelnde, weniger dichte Grasbedeckung); Beispiele für Steppengebiete der gemäßigten Zone sind die **Great Plains** in den USA und die **kasachische Steppe**.

Bodenmerkmale

- Ausgeglichenheit zwischen chemischer und physikalischer Verwitterung **in Waldgebieten**
- **humusreiche Oberhorizonte** (A-Horizonte)
- im Westen **Braunerden und Parabraunerden,** im Kontinentinnern **graue Waldböden**

- entsprechend der Niederschlagsmengen **im Bereich der Steppen Schwarzerdeböden** (Tschernoseme), **kastanienfarbene Steppenböden** bis hin zu **Halbwüstenböden**

Die kalte Zone

Sie schließt sich polwärts an die gemäßigte Zone an und wird unterteilt in **boreale Nadelwaldzone**, **Tundra** und **polare Zone**.

a) **Boreale Nadelwaldzone**

- **Größtes zusammenhängendes Waldgebiet der Erde** (z. B. Skandinavien, Kanada und auf dem Gebiet der ehemaligen Sowjetunion, dort **Taiga** genannt)
- Südgrenzen: in Skandinavien bei etwa 61° n.Br., in Nordamerika bei etwa 45–60° n.Br., im Amurgebiet bei etwa 43° n.Br., an der Wolga bei etwa 53° n.Br.
- Nordgrenze entspricht der 10° Celsius-Juli-Isotherme; kaum Ausbildung des borealen Nadelwalds auf der Südhalbkugel (fehlende Landmasse)
- geringer jährlicher Biomassenzuwachs (kurze Vegetationsperiode) Artenarmut; bestandsbildend sind vor allem **Fichten**, **Waldkiefern** und **sibirische Lärchen**
- **kühle und feuchte Sommer, extrem tiefe Wintertemperaturen** (Beispiel Edmonton/Kanada: Monatsmittel Juli 15 °C, Monatsmittel Januar –8 °C; absolute Extremwerte in Nordostsibirien: kälter als –60 °C im Winter und wärmer als 30 °C im Sommer)
- Auftreten von **Permafrostböden** (tiefgründig ganzjährig gefrorene Böden mit oberflächigem sommerlichen Auftauen)
- vorherrschender Bodentyp: **Podsol**

b) **Tundrenzone**

Sie schließt sich polwärts an den borealen Nadelwaldgürtel an.

- Seen und Sümpfe
- **spärliche Jahresniederschlagsmengen** (meist unter 200 mm)
- **Permafrostboden**
- kein geschlossener Vegetationsgürtel wegen **Nährstoff- und Stickstoffarmut** (kaum chemische Verwitterung) der Böden
- **subpolares Klima**
- allenfalls niedrigwüchsige Kümmersträucher, ansonsten Flechten, Moose und einzelne Grasflächen

c) **Polarzone**

- Eis- und Schneewüsten, extrem niedrige Temperaturen, geringe Sonneneinstrahlung
- vegetationslos bis äußerst spärliche Vegetation (Flechten) an Gunststandorten

Klimatypen und Vegetationsformen

vom Äquator zum Pol in ihrer meridionalen Abfolge durch Afrika und Europa (Nordhalbkugel)

Klimatyp	Vegetationstyp	Gebiete	Geograf. Breite
Polar	weitgehend vegetationslos	Spitzbergen, Polarregion	80–90° n.Br.
Subpolar: NS (gering) zu allen Jahreszeiten	Tundra: Moose, Flechten Subpolarer Birken- und Nadelwald Fjellheide im Hochland	Nord- und Mittelskandinavien	70° n.Br. nördlicher Polarkreis 60° n.Br.
Gemäßigte Breiten: vorwiegend Frühjahrs- u. Herbst-Niederschl.	kühlgemäßigter Laub- und Mischwald	Mitteleuropa	50° n.Br.
Subtropen: Winterregen, Sommer trocken 1 Monat humid 0 Monate humid	subtropische Hartlaubgehölze Wüstensteppe Vollwüste	Mittelmeergebiet Libyen Sahara	40° n.Br. 30° n.Br. nördlicher Wendekreis
Tropen: **Randtropen** (1 Monat humid) **Wechselfeuchte Tropen** (2–4 Monate humid) (5–6 Monate humid) (7–9 Monate humid) **Immerfeuchte innere Tropen** (10–12 Monate humid)	 Halbwüste Dornsavanne Trockensavanne Feuchtsavanne Tropischer Regenwald	 Südsahara Sudan Sudan Sudan Kongobecken	 südlich des nördlichen Wendekreises 20° n.Br. 10° n.Br. ca. 7° n.Br. Bereich Äquator

MERKE ▪ Klima und Mindmap
Mithilfe einer Mindmap lassen sich die Klima- und Vegetationszonen besser im Gedächtnis verankern.

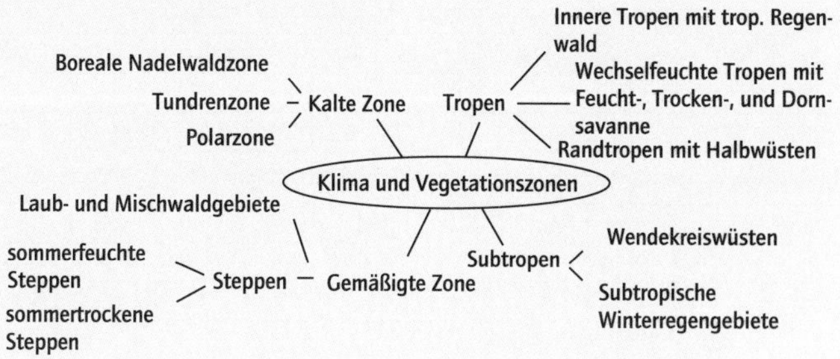

Temperatur- und Niederschlagswerte

Temperatur- (obere Zeile) und Niederschlagswerte (untere Zeile) ausgewählter Klimastationen

Innere Tropen: Kisangani/Zaire, 460 m NN, 0°41'N, 25°11'O

Jan	Feb	Mär	Apr	Mai	Jun	Jul	Aug	Sep	Okt	Nov	Dez	Jahr
26,0	26,2	26,1	26,2	26,0	25,3	25,3	25,2	25,3	25,0	25,1	25,1	25,6
95	115	152	181	167	115	100	186	174	228	177	114	1804

Wechselfeuchte Tropen: Kano/Nigeria, 470 m NN, 12°03'N, 8°32'O

Jan	Feb	Mär	Apr	Mai	Jun	Jul	Aug	Sep	Okt	Nov	Dez	Jahr
21,2	23,7	27,8	30,9	30,7	28,4	26,2	25,3	26,4	27,0	24,8	21,9	26,2
0	0	2	10	66	110	204	302	132	15	0	0	8410

Subtrop. Winterregengebiet: Iraklion/Kreta, 29 m NN, 35°21'N, 25°08'E

Jan	Feb	Mär	Apr	Mai	Jun	Jul	Aug	Sep	Okt	Nov	Dez	Jahr
12,3	12,6	13,5	16,1	19,0	23,0	25,4	25,6	23,2	20,4	17,3	14,2	18,6
95	46	43	26	13	3	1	1	11	64	71	79	453

Subtrop. Wendekreiswüste: Faya-Largeau/Tschad, 234 m NN, 18°00'N, 19°10'O

Jan	Feb	Mär	Apr	Mai	Jun	Jul	Aug	Sep	Okt	Nov	Dez	Jahr
20,9	22,8	26,1	30,5	33,5	34,3	34,0	33,2	33,2	30,3	25,4	21,7	28,8
0	0	0	0	0	0	10	12	1	0	0	0	23

Gemäßigte Zone Mitteleuropas: München, 527 m NN, 48°09'N, 11°42'E

Jan	Feb	Mär	Apr	Mai	Jun	Jul	Aug	Sep	Okt	Nov	Dez	Jahr
−2,4	−1,2	3,0	7,6	12,2	15,4	17,2	16,6	13,3	7,8	2,9	−0,9	7,6
59	55	51	62	107	125	140	104	87	67	57	50	964

Gemäßigte Zone Steppenklima: Taschkent/Kasachstan, 479 m NN, 41 °16'N, 69° 16'E

Jan	Feb	Mär	Apr	Mai	Jun	Jul	Aug	Sep	Okt	Nov	Dez	Jahr
−1,1	1,5	7,8	14,7	20,2	25,3	27,4	25,5	19,7	12,7	6,7	1,8	13,5
49	51	81	58	32	12	4	3	3	23	44	57	417

Kalte Zone/Borealer Nadelwald: Jokkmokk/Schweden, 257mNN, 66°36'N, 16°51'E

Jan	Feb	Mär	Apr	Mai	Jun	Jul	Aug	Sep	Okt	Nov	Dez	Jahr
−14,4	−13,4	−7,9	−1,5	5,0	11,3	14,8	12,3	6,8	−0,5	−7,1	−11,1	−0,5
29	27	21	29	30	57	77	63	49	40	36	35	493

Tundrenklima: Barrow/Alaska, 7mNN, 71 °18'N | 156°47'W

Jan	Feb	Mär	Apr	Mai	Jun	Jul	Aug	Sep	Okt
−26,8	−27,9	−25,9	−17,7	−7,6	0,6	3,9	3,3	0,8	−8,6
5	4	3	3	3	9	20	23	16	13

Nov	Dez	Jahr
−18,2	−24,0	−12,3
6	4	109

5.5 Klima und Vegetation in Gebirgsräumen

Wesentlich für das Klima der Hochgebirgsräume sind die **physikalischen Veränderungen der Atmosphäre mit zunehmender Höhe**:

- **Abnahme des Luftdrucks** mit der Höhe (auf Meereshöhe z. B. 760 Hektopascal, in 7000 m Höhe NN 300 Hektopascal)
- **Abnahme des Wasserdampfgehalts** mit der Höhe
- **Abnahme der Wärmespeicherfähigkeit** von Luft mit der Höhe (infolge geringerer Dichte)
- Abnahme der **Lufttemperatur mit der Höhe** (infolge schwächer werdenden Einflusses der wärmeabstrahlenden Erdoberfläche); **vertikaler Temperaturgradient** 0,6 bis 1,0 °C Abnahme pro 100 Höhenmeter

Beispiele für Barriere- und andere Effekte in Gebirgsräumen

- **Stau von Luftströmungen** mit eventueller Umleitung
- Gebirge sind kältere Regionen, in denen sich **kleinere Hochdruckgebiete** entwickeln können
- Staueffekte verursachen an den Gebirgsrändern **Verwirbelungen**
- Gebirgsräume verursachen Staueffekte an den Luvseiten, **Windschatteneffekte an den Leeseiten**
- Gebirge zwingen Luft zum **Aufsteigen** (Steigungsregen im Luv, Niederschlagsarmut im Lee)

- höhere Lagen erhalten **andere Strahlungen** (Zunahme der kurzwelligen Strahlung mit der Höhe)
- Gebirgsräume entwickeln oft **eigene Zirkulationssysteme** (Berg-Tal-Wind, Gletscherwind)
- innerhalb von Gebirgsräumen herrschen in räumlicher Nähe oft **unterschiedliche Strahlungs- und Wärmehaushalte** vor (z. B. je nach Exposition [Ausrichtung] verschiedener Hänge)
- in Gebirgsräumen kommt es häufiger zu **Inversionswetterlagen** (z. B. Kaltluftseen in den Talmulden mit darüber gelagerter wärmerer Luft)

Der Föhn-Effekt

Bei sogenannten **Föhnlagen** kommt es am Rande von Gebirgen zu eigenartigen „Temperaturanomalien" insofern, als dass die Lufttemperaturen in gleichen Höhen über dem Meer auf der Luvseite wesentlich geringer als auf der Leeseite sein können. Als Paradebeispiel für Föhnlagen gilt der **Alpenföhn**. Gleichermaßen treten ähnliche Phänomene auch in anderen Gebirgsräumen, z. B. den Rocky Mountains als **Chinook** auf. Die folgende Abbildung verdeutlicht die thermischen Verhältnisse von Luftmassen beim Überqueren von Gebirgen.

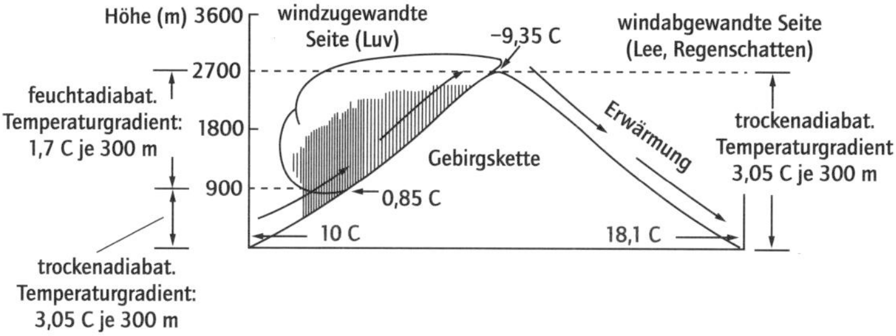

- **Luftmassentemperatur an der Luv-Seite in Meereshöhe: 10 °C**
- **Aufsteigen der Luftmasse trockenadiabatisch (das heißt ohne Kondensation) um 900 m (pro 300 m trockenadiabatischer Aufstieg Temperaturabnahme um 3,05 °C), also t-Abnahme um 9,15 °C**
- **deshalb Temperatur in 900 m Höhe: 10 °C − 9,15 °C = 0,85 °C**
- **danach Aufsteigen der Luftmassen feuchtadiabatisch (das heißt mit Kondensation) um 1800 m (pro 300 m feuchtadiabatischer Aufstieg Temperaturabnahme um nur noch 1,7 °C), also weitere t-Abnahme um 10,2 °C**
- **deshalb Temperatur in 2700 m Höhe: 0,85 °C − 10,2 °C = −9,35 °C**
- **danach trockenadiabatischer Abstieg auf der Lee-Seite um 2700 m (pro 300 m Abstieg trockenadiabatisch 3,05 °C Temperaturzunahme)**
- **deshalb t-Zunahme beim Abstieg um 27,45 °C (9·3,05 °C), somit Temperatur der Luftmasse auf der Lee-Seite in Meereshöhe: −9,35 °C + 27,45 °C = 18,1 °C**
- **somit ist die Lufttemperatur auf der Leeseite durch das Überqueren des Gebirges um ca. 8 °C gestiegen!**

MERKE ▪ Föhneffekt

Bei Föhneffekten kann es durch Übersteigen eines Gebirges durch Luftmassen zu deren Erwärmung kommen. Gleichzeitig sind diese Luftmassen nach der Gebirgsüberquerung wesentlich trockener.

Entstehungsbedingungen für den Alpenföhn: Hochdruckgebiet südlich der Alpen, Tiefdruck auf der Alpennordseite (dadurch Ausgleichsströmung von Süd nach Nord über die Alpen). Die warmen und trockenen Föhnwinde auf der Gebirgsleeseite verursachen bei manchen Menschen gesundheitliche Probleme wie Kreislaufbeschwerden und Kopfschmerzen.

Schnee-, Wald- und Baumgrenzen

- **Klimatische Schneegrenze:** Sie trennt das **Nährgebiet** eines Gletschers vom **Zehrgebiet**. Im Nährgebiet fällt im Durchschnitt mehr Schnee als durch Abschmelzen und Verdunstung verloren geht. Die klimatische Schneegrenze ist ein Durchschnittswert und hängt von der geografischen Breitenlage ab (Lage in 70–80° geografischer Breite etwa bei 500 m NN, in 40–50° Breite etwa bei 3000 m NN, am Äquator etwa bei 4600 m NN).
- **Lokale Schneegrenze:** Sie ist die Schneegrenze an einem bestimmten Gebirgsmassiv, abhängig von lokalen Faktoren wie Luv- und Leelage, Exposition usw. Sie kann deshalb von der klimatischen Schneegrenze abweichen.
- **Temporäre Schneegrenze:** Sie ist die momentane, jahreszeitlich abhängige Schneegrenze. Deshalb variiert sie im Jahreslauf erheblich, wie z. B. im Inntal:

	März	Juni	September
Südhang	960 m NN	2190 m NN	3210 m NN
Nordhang	720 m NN	2030 m NN	2760 m NN

- **Waldgrenze:** Die Linie, oberhalb derer kein geschlossener Waldbestand mehr auftritt; unterschieden werden die **klimatisch bedingte Waldgrenze** (z. B. Norwegen 300 m NN, Schwarzwald 1400 m NN, Tibet 4800 m NN, Himalaya-Südseite 3250 m NN) und die **morphologische Waldgrenze**, die vom Untergrund und der Hangneigung abhängt.
- **Baumgrenze:** Die Grenze, oberhalb derer selbst Einzelbäume nicht mehr vorkommen.

Höhenstufen der Vegetation in Gebirgen

Entsprechend der klimatischen Veränderungen mit der Höhe werden auch die vorkommenden Bestände der potenziellen, natürlichen Vegetation modifiziert. Je nach Breitenlage der Gebirgsräume ergeben sich unterschiedliche Differenzierungen.

- **Beispiel tropisches Gebirge Afrikas**

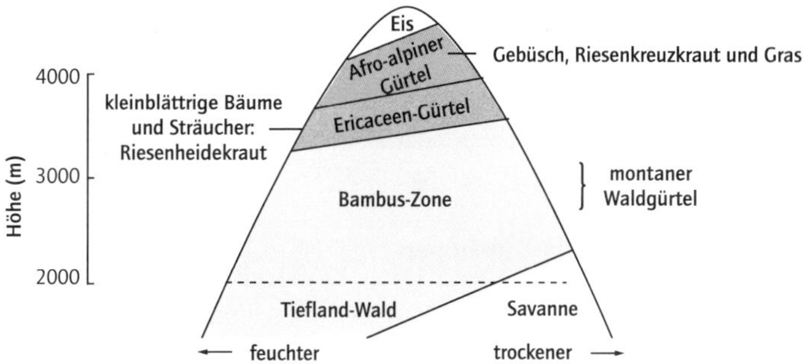

- **Beispiel Anden in Venezuela**

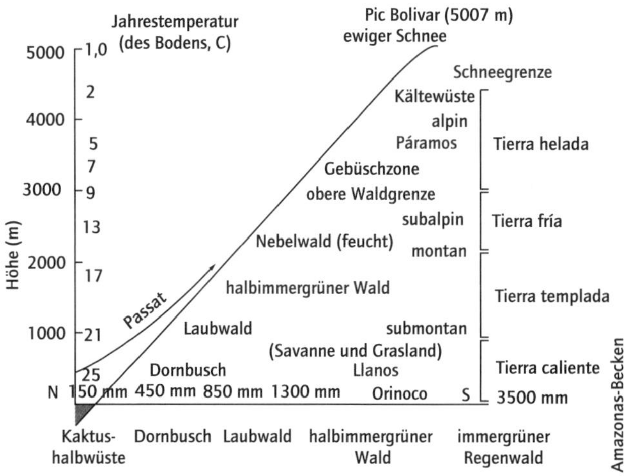

- **Beispiel Alpen**

Bezeichnung	**natürliche Vegetation**
nivale Stufe	weitgehend vegetationslos
alpine Stufe	Zwergsträucher
montane Stufe	alpine Matten, Nadelwald
kolline Stufe	sommergrüner Laubwald

5.6 Anthropogene Eingriffe in Geoökosysteme

Im Folgenden werden übersichtsartig die **Wirkmechanismen menschlicher Eingriffe auf Geoökosysteme verschiedener Klimazonen** exemplarisch erläutert.

Shifting Cultivation in den Tropen

Ursprünglich angepasste Landnutzungsform des **Brandrodungswanderfeldbaus**, bei der im rotierenden Verfahren niedergebrannte Waldflächen abwechselnd mit z.B. Getreidearten oder Hackfrüchten bebaut und brach gelassen werden (deshalb auch **Wald-Feld-Wechselwirtschaft**). Um ein Dorf herum werden so immer weitere Flächen brandgerodet. Die Neurodung von Flächen wird notwendig, da die nach dem Abbrennen in Form von Asche vorhandenen Nährstoffe schnell wieder ausgeschwemmt werden (als Folge der Waldentfernung werden die Wurzelpilze zerstört, die als Nährstofffilter und -speicher dienen). Die Erträge auf den brandgerodeten Flächen nehmen deshalb nach wenigen Jahren rasch ab.

Art der Bewirtschaftung

- Brandrodung eines Feldes vor der Regenzeit, Aussaat durch Eingraben von Samen (z.B. Yams, Banane, Hirse, Mais, Batate) mit der Harke
- weitere Bodenbearbeitung bzw. Bodenpflege fehlt weitgehend
- alte Anbauflächen bleiben nach einigen Jahren brach liegen und entwickeln einen artenarmen Sekundärwald
- **Wandel des Shifting Cultivation zur ökologisch bedenklichen Landnutzungsform**
- Mit dem Übergang von der Subsistenzwirtschaft zum marktorientierten Anbau von **Cash Crops** und mit dem einsetzenden Bevölkerungsanstieg werden unter Umständen immer mehr Flächen für das Shifting Cultivation genutzt.

- Im Extremfall kommt es zum **Raubbau an den Waldflächen** und zur Naturraumzerstörung.

Desertifikation in der Sahelzone

a) Lage der Sahelzone und natürliche Klimabedingungen

Südsaum der Sahara, Übergangszone Wüste-Dornsavanne-Trockensavanne; geringe Jahresniederschlagsmengen (300 mm im Norden, 600 mm im Süden); hohe Niederschlagsvariabilität; Niederschläge auf 30 bis 50 Tage pro Jahr verteilt (im Sommer), hohe Verdunstung

b) Veränderungen der wirtschaftlichen Nutzung

Früher

- Weidewirtschaft (nomadisch) im trockenen Norden, Halbnomadismus mit Hackbau und Hirseanbau im feuchteren Süden
- bei länger anhaltenden Trockenperioden (über Jahre hinweg) Wanderung der Nomaden aus dem Norden in den Süden und Nutzung der dortigen Brachefächen für die Weidewirtschaft, dadurch kaum Nutzungskonflikte

Mit Beginn der 1970er-Jahre

- Anbau von Cash Crops, besonders Baumwolle, in den südlichen Gunstgebieten, dadurch Verlagerung des Hirseanbaus für den Eigenbedarf (Subsistenzwirtschaft) in die klimatisch schlechteren Regionen des Nordens; Nährstoffverarmung der Böden durch Wegfallen der Brache, Erosionsschäden
- Tiefbrunnenbohrungen in niederschlagsreicheren Jahren, dadurch Ansiedlung von Viehzüchtern, überdurchschnittliche Bevölkerungsentwicklung durch Wasserangebot: stark steigende Viehbestände mit Überweidungserscheinungen
- zusätzlich Durchführung von Programmen zur Sesshaftwerdung der Nomaden mit der Folge der Kappung der ehemaligen saisonalen räumlichen Verlagerungen
- Brennholzschlag und Zerstörung der Savannenvegetation

Ökologische Auswirkungen

- Überweidung verursacht starke Bodenerosion: mehrjährige (boden-festigende) Kulturen verschwinden, exportorientierter Anbau mit Maschinen- und Herbizideinsatz belastet den Boden stärker; Entfernung der Grasdecke (besonders durch Ziegenweidung) vermindert Zusammenhalt des Bodens, dadurch höhere Erosionsgefahr durch Starkregen und **Windausblasung** (Deflation)

- zusätzlich stärkere Bodenaustrocknung infolge fehlender Schattenwirkung, höherer Verdunstung; dadurch Bodenerosion
- zusätzliche Austrocknung des Oberbodens nach **Absenken des Grundwasserspiegels durch die Tiefbrunnen**
- schwere Katastrophen (mit Hungersnöten) in den 70er-Jahren des 20. Jahrhunderts, als nämlich mehrere Trockenjahre (mit stark überdurchschnittlichen Niederschlagsdefiziten) einsetzen

Denkbare Gegenmaßnahmen

- Maßnahmen zur Regelung des Bevölkerungswachstums
- Beschränkung des Viehbestandes durch Festsetzung einer maximal zulässigen Anzahl Vieh pro Flächeneinheit
- Anlage von **Futtermittelreserven** für eventuelle Trockenzeiten
- Aufgabe zentraler großer Tiefbrunnenanlagen zugunsten räumlich breit gestreuter kleinerer Brunneneinheiten
- Einführung von Maßnahmen des **Ecofarming** (ökologisch angepasste Landnutzungsformen)
- Präventionsmaßnahmen gegen Erosionsgefahr, z. B. Anlage von Windschutzhecken, Aufforstung, etc.
- Nutzung **alternativer Energieformen**, z. B. Einsatz von Miniparabolspiegeln zum Kochen, Kleinwindkraftanlagen

> MERKE ▪ **Allgemeine Definition der Desertifikation**
> **Ausbreitung wüstenhafter Erscheinungen durch Einwirkungen des wirtschaftenden Menschen auf ein labiles Ökosystem in Trockenräumen.**
> **Im engeren Sinne: schleichender Prozess einer nachhaltigen Störung der Regenerationsfähigkeit der Ökofaktoren in ariden und semiariden Gebieten als Folge einer nicht angepassten Landnutzung.**

Waldraubbau im Mittelmeergebiet

Ausgangslage

Heute sind weite Areale des Mittelmeergebiets entwaldet, nackter oder spärlich bedeckter Fels (meist Kalkformationen mit **Karsterscheinungen**) kennzeichnen beispielsweise die Halbinsel Istrien (Holzlieferant für Venedig in der Renaissance), die meisten der griechischen Inseln und große Küstenbereiche Italiens, Spaniens, Portugals und Griechenlands. Die Entwaldung mediterraner

Landschaften hat also **keinen klimatischen Grund**, sondern ist auf **anthropogene Einwirkungen** zurückzuführen.

Biografie des Waldraubbaus

- frühe Jäger-, Sammler- und Viehhalterperiode: **Anlegen von gezielten Bränden** zur Gewinnung von Kulturflächen
- Ausdehnung der Kulturfläche für Weidewirtschaft (besonders Ziegen und Schafe); **Transhumanz** (jahreszeitliche Wanderungen der Hirten mit ihren Ziegen- und Schafherden, Winterweiden in den Niederungen, Sommerweiden in den Gebirgen), Ziegen fressen Schösslinge und Laub der Bäume und Sträucher
- Entwicklung eines ausgeprägten **Städtesystems** bereits seit der Antike, großer Holzbedarf (Energieträger zum Heizen, Kochen, Brennen von Tonziegeln, Schmelzen von Erzen, Bauholz für Handels- und Kriegsflotten, Kirchen und Paläste)

Ökologische Folgen der Entwaldung

- Abtragung der Bodenkrume bis zur vollständigen Entfernung des Oberbodens, dadurch Verlust der Wasserspeicherfähigkeit, verstärkter Oberflächenabfluss mit Erhöhung der Erosionsgefahr besonders bei Starkregen (tiefe Erosionsrinnen, Zerschneidung und Zerrachelung der Hänge), Verlust von Kulturfläche
- Abgang von Muren (Schlammströme) mit teilweise verheerenden Schadenswirkungen (Zerstörung von Ortschaften)
- Verstärkung der Karsterscheinungen, Entstehung von kargen Kalklandschaften
- Versandung von Häfen

Aufforstung als Gegenmaßnahme

- große Aufforstungsaktionen um den steigenden Holzbedarf zu sichern und betroffene Flächen zu regenerieren (vorwiegend Kiefern und Eukalyptus)
- hohe Kostenintensität (Notwendigkeit der Anlage von Terrassen, Einzäunung, Bewässerung der Jungbäume)
- Nadelbäume sind trockener und damit brandgefährdeter, Waldbrandgefahr
- mäßige Erfolge durch die Aufforstung (bereits kahle Flächen können nicht mehr regeneriert werden)
- Zunahme herbstlicher Hochwasser und Überschwemmungen in den Tallagen infolge fehlender Rückhaltefähigkeit

Bodenerosion in semiariden Steppengebieten – Great Plains

Ausgangsproblematik

- semiaride Steppengebiete sind gegenüber Erosion sehr viel anfälliger als humide Gebiete
- bei Entfernung des Steppengrases (z. B. durch Aufpflügen für den Weizenanbau) rasche Bodenaustrocknung und Gefahr der Substratausblasung durch den Wind (hohe Windgeschwindigkeiten durch fehlende Hindernisse in den Ebenen, Deflation), da zudem die fehlenden Graswurzeln dem Oberboden keinen Halt mehr geben
- zusätzlich droht Abschwemmung durch die zwar selteneren, aber heftigen Niederschläge (Starkregen)
- **Dust Bowl** (übersetzt: Staubschüssel) in den 30er-Jahren des 20. Jahrhunderts: Zerstörung von über einer Million Hektar Ackerland in den Bundesstaaten Texas, Nebraska und Kansas
- Aufgabe von mehreren Hunderttausend landwirtschaftlichen Betrieben

Die Hauptgründe für die Bodenzerstörung lagen auch hier in der Einwirkung des Menschen (unsachgemäße Bodenbearbeitung) auf das empfindliche Ökosystem der Steppenvegetation!

Mögliche Gegenmaßnahmen

- Anlage von **Terrassen**, damit das Niederschlagswasser eher vertikal versickert als oberflächlich abfließt
- Bau von **Windschutzstreifen** (shelter belts) mit Baum- und Heckenreihen zur Verminderung der Windgeschwindigkeit
- Verzicht von landwirtschaftlicher Nutzung auf den **Grenzertragsböden**, dafür **Aufforstung**
- **höhenlinienparalleles Pflügen** (**Contour Ploughing**), dadurch Verminderung des Oberflächenabflusses
- **Dry Farming:** zunächst bis zu zwei Brachejahre, dann Aufpflügen des Bodens in zeitlicher Nähe zu den Niederschlägen, danach Walzen (Zerstörung der Bodenkapillaren und Verminderung der Verdunstungsoberfläche), anschließend Schädlingsbekämpfung
- **Strip Cropping:** Anbau in parallelen Streifen (Grünland und Ackerland), vermindert Schädlingsbefall und Erosionsgefahr
- **Minimum Tillage:** nur Aufreißen des Bodens statt mehrerer aufeinanderfolgender Arbeitsgänge wie Pflügen, Eggen, Säen; dadurch geringere

Bodenbeanspruchung; durchführbar mit Spezialmaschinen, die alle Arbeitsgänge in einem Durchgang erledigen
- in Monokulturgebieten **Zwischenfruchtanbau** zur Nährstoffregenerierung und zum Erosionsschutz

Auswirkungen der Abholzung von Bergwäldern in Hochgebirgen

Gebirgswälder schützen vor Bodenabtrag, Lawinen, Murgängen und Steinschlag. Darüber hinaus haben Bergwälder auch eine entscheidende klimatische Regulierungsfunktion.

Hydrologische und klimatische Funktionen

- Bergwald wirkt als natürlicher **Filter** für den versickernden Niederschlag und beeinflusst somit die Reinheit des Grund- und Quellwassers
- Bergwälder beeinflussen entscheidend das Abflussverhalten von Oberflächenwasser: **Interzeption** = Abfangen eines Teils des Niederschlags in den Baumkronen, Ästen und im Blattwerk, der dort auch verdunstet (Transpiration) und das Mikroklima entscheidend positiv mitprägt
- **Speicherung** eines weiteren Niederschlagteils in neu wachsender Biomasse, der somit oberflächlich Erosionsschäden vermeidet
- schnelles Versickern der Restniederschläge im von Wurzeln aufgelockerten Waldboden, dadurch **verzögerter Abfluss** und Erosionsschutz
- verzögertes Auftauen von Schnee und Eis in Schattenlagen, dadurch zeitliche **Verzögerung der Abflussspitzen** im Frühjahr
- durch Verharren von Niederschlagswasser in Bäumen und im Boden **wärmeregulierende (-ausgleichende) Wirkung**

Bodenschützende Funktion

- **Bodenfestigung** durch intensive und **tiefe Durchwurzelung**, dadurch Minderung der Gefahr von Hangrutschungen und Murabgängen
- **Humusbildung** durch Laub- und Nadelfall, Schaffung von Lebensraum für Bodentiere, dadurch bessere Durchlüftung

Lawinenschutz

- **Rückhaltung** eines Teils des Schnees in Baumkronen, allmähliche Verdichtung durch schubweises Fallen des Schnees
- **kaum Verlagerung** des Schnees durch Verwehung infolge windbremsender Funktion des Waldes

- **ausgeglicheneres Waldklima** verhindert Bildung von großflächigen labilen Schneeauflagen (Schwimmschnee)
- **Verhinderung von Lawinenanrissen** (obere Abbruchkante) durch Waldbestockung

Folgen der Abholzung von Bergschutzwäldern

- **Humusschwund:** Abbau, Verwehung und Abschwemmung des Humus (besonders an südexponierten Hängen), Nährstoffverluste des Oberbodens, verringerte Wasserspeicherfähigkeit, erhöhter Oberflächenabfluss mit Erosionsschäden
- **Narbenversatz:** talseitiges Abschieben oder Durchtreten der Grasnarbe durch Vieh (besonders auf dauerhaft durchnässten Böden), Aufreißen der Grasnarbe, dadurch schnelleres Eintreten der Niederschläge, Entstehung von Erosionsschäden
- **Rutschungen:** Abbrechen hangiger Erdmassen und Abgleiten, Gefahr von Rutschungen und Murabgängen
- **Tiefenerosion:** furchenbildendes Einschneiden von Gebirgsbächen und Rinnsalen, Murabgänge, Zerstörung von taligen Wiesen und Ackerflächen
- **Gleitschnee:** talwärtige Bewegung von Schnee, dadurch Zerstörung der Bodenvegetation
- **Lawinen:** Entstehung schneller Schneebewegungen, Zerstörung der Bodenvegetation, Freilegung des Bodens, Zerstörung tieferliegender Waldbestände

MERKE ▪ **Störungen von Geoökosystemen**

Geoökosysteme zeigen grundsätzlich ein hohes Maß an Eigenstabilität, d. h. sie können leichte Störungen von außen durch Anpassungen adaptieren. Geoökosysteme reagieren gegenüber lang andauernder Störung äußerst empfindlich. Ein dauerhaft gestörtes System kann meist nicht mehr in seinen natürlichen Ausgangszustand zurückversetzt werden.

CHECKLISTE

5 Geoökosystem

- Begriffe Ökosystem und Ökologie/Landschaftsökologie: **Biozönose, Biotop, Ököfaktoren (biotische, abiotische, sozioökonomische)**
- Merkmale von Ökosystemen: **Diversität, Produktivität, Stabilität, Selbstregelungsfähigkeit, ökologisches Gleichgewicht (dynamisches Fließgleichgewicht), Rückkoppelungseffekte**
- Ökosystemarten: **terrestrische, semiterrestrische, marine und limnische**
- Wirkungszusammenhänge von Geofaktoren: **Geofaktorendreieck Klima-Boden-Vegetation**
- Klimaklassifikationen: **genetische und effektive Klassifikationen, Köppensche Klassifikation, Tageszeiten- und Jahreszeitenklima, Klimatypen und Klimauntertypen**
- Klima- und Vegetationszonen: **Tropen (immerfeuchte innere, wechselfeuchte, Randtropen), Subtropen (Halbwüsten- und Wüstenklimate, subtropische Winterregengebiete, Wendekreiswüsten), gemäßigte Zone, kalte Zone (boreale Nadelwaldzone, Tundrenzone, Polarzone)**
- Klima und Vegetation in Gebirgsräumen: **Barriere-Effekte, Luv- und Lee-Effekte, Inversionswetterlagen, Föhn-Effekt, Schnee-, Wald- und Baumgrenzen, Höhenstufenabfolge der Vegetation**
- Anthropogene Beeinflussung von Geoökosystemen: **shifting cultivation, Desertifikation im Sahel, Waldraubbau im Mittelmeergebiet, Bodenerosion in semiariden Steppengebieten, Abholzung von Regenwäldern**

6 Globale klimaökologische Probleme

Die Problematik klimaökologischer Prozesse, insbesondere der globale Klimawandel, beschäftigt seit wenigen Jahrzehnten zunehmend Wissenschaft, Politik, Wirtschaft und Gesellschaft. Problemfelder wie etwa der anthropogene Treibhauseffekt, das El-Niño-Phänomen, die Ausdünnung der Ozonschicht u. v. a. mehr stellen heute schon Herausforderungen dar, mit denen die Menschheit sich in Sorge um das zukünftige Funktionieren des Gesamtökosystems Erde eingehend befassen muss.

6.1 Die Treibhausproblematik

Seit Jahrzehnten beschäftigt der **Treibhauseffekt** und die mit ihm verbundene Gefahr einer **Erwärmung der Erdatmosphäre** mit möglicherweise katastrophalen ökologischen Folgen die Klimaforscher. Strikt unterschieden werden muss bei dieser Diskussion jedoch zwischen dem **natürlichen Treibhauseffekt**, welcher für das Überleben aller irdischen Organismen lebensnotwendig ist, und dem **anthropogen verstärkten Treibhauseffekt** mit seinen ökologischen Schadenswirkungen.

Der natürliche Treibhauseffekt

Grundsätzlich kann **kurzwellige Sonnenstrahlung** infolge ihrer physikalischen Eigenschaften die Erdatmosphäre durchdringen und trifft auf die Erdoberfläche auf, wo diese Energie in **langwellige Wärmestrahlung** umgewandelt wird. Diese wird von der Oberfläche abgestrahlt und erwärmt dabei die Luftmoleküle. Langwellige Wärmestrahlung kann jedoch infolge ihrer veränderten physischen Eigenschaften zum größten Teil die Atmosphäre nicht mehr verlassen. Dieser Mechanismus bewirkt, dass ein Teil

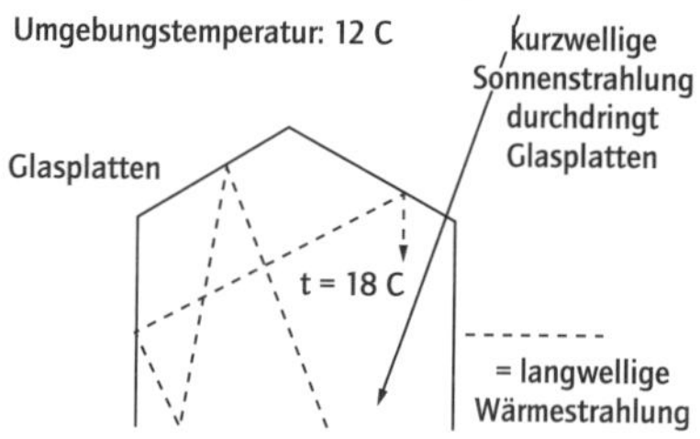

der auftreffenden Sonnenenergie in der Erdatmosphäre zwischengespeichert wird und so zu einer globalen mittleren Durchschnittstemperatur von etwa 15 °C beiträgt. Ein ähnlicher Mechanismus ist in einem Treibhaus zu beobachten (die Glasflächen stehen hier für die Atmosphärenschichten).

Atmosphärischer Strahlungshaushalt: Von der Sonne emittierte kurzwellige Strahlung wird einerseits an der Atmosphärenoberfläche **reflektiert**, in der Atmosphäre **gestreut** und andererseits an der Erdoberfläche und in der Atmosphäre **absorbiert**, das heißt aufgenommen und in langwellige Wärmestrahlung umgewandelt. Ein Teil der gestreuten Strahlung wird reflektiert (Austritt in den extraterrestrischen Raum), ein anderer Teil trifft zusammen mit der direkten Sonnenstrahlung als **diffuse Himmelsstrahlung** auf die Erdoberfläche.

MERKE ▪ **Globalstrahlung**
Direkte Sonneneinstrahlung
+ diffuse Himmelsstrahlung
= Globalstrahlung!
Globalstrahlung = durchschnittlich 50 % der Solarkonstante (extraterrestrische Strahlungsmenge an der Atmosphärenoberseite)

Jeder Punkt der Erde strahlt – auch nachts – Wärmeenergie ab. Die Energieeinstrahlung erfolgt aber nur an der jeweils beschienenen Erdseite. Daraus ergibt sich global ein Defizit im Strahlungshaushalt von 14 Prozentpunkten (Einstrahlung = 100 %, Ausstrahlung = 114 %). Demnach würde die Erde im Laufe der Jahrmillionen wieder abkühlen. Der natürliche Treibhauseffekt verhindert dies, weil die von der Oberfläche ausgehende langwellige Wärmestrahlung an den atmosphärischen Spurengasen ständig erneut absorbiert und reflektiert wird.

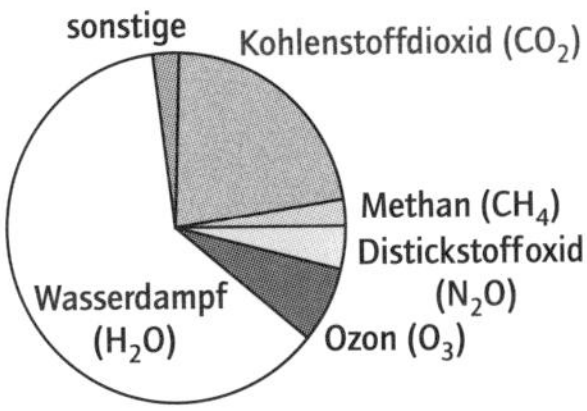

Wichtige Treibhausgase

Der anthropogen verstärkte Treibhauseffekt

Grundproblematik

Seit Beginn der Industrialisierung setzt der wirtschaftende Mensch klimawirksame Spurengase vermehrt in die Atmosphäre frei. Durch das vermehrte Auftreten dieser Spurengase ist eine in ihren Auswirkungen noch nicht genau abschätzbare **Erhöhung der Globaltemperaturen** zu erwarten. Die größte Rolle bei den künstlich freigesetzten Spurengasen spielt **Kohlenstoffdioxid** (besonders durch Verbrennung fossiler Brennstoffe).

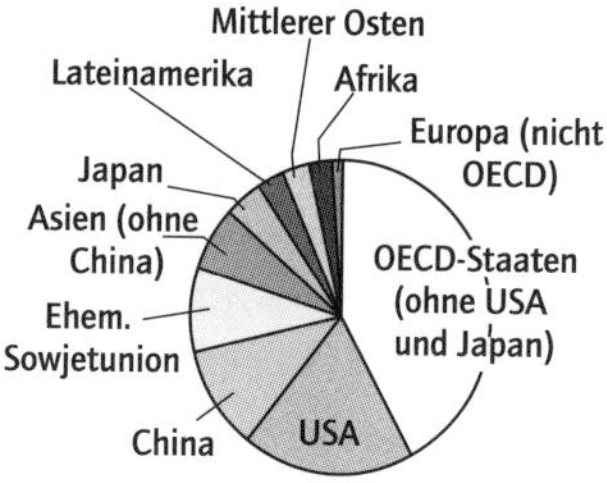

Anteile am Gesamtausstoß der Treihausgase; ausgewählte Länder und Ländergruppen

- **Kohlenstoffdioxid**: Gefährliche Beispielzahlen
  - Globale Durchschnittswerte an Kohlenstoffdioxid in ppm (parts per million = Anzahl Moleküle pro 1 Mio. Moleküle):
    vor der Industrialisierung: 280 ppm
    Jahr 1991: 355 ppm
    Jahr 1997: 367 ppm
  - Geschätzte Verdoppelung bei gleich bleibendem Energieproduktionsverhalten etwa im Jahre 2100 (entspricht einer geschätzten globalen Temperaturerhöhung der Atmosphäre um 1,2 °C. Zur Zeit werden jährlich etwa 30 Gigatonnen (30 Milliarden Tonnen!) CO_2 an die Atmosphäre abgegeben, davon werden 75 % durch die **Verbrennung fossiler Brennstoffe**, etwa 21 % infolge **Brandrodung** und ca. 4 % durch die **Holzverbrennung** in energiearmen Entwicklungsländern verursacht.

Weitere klimawirksame, künstlich freigesetzte Spurengase sind

- **Methan (CH_4)** aus Kohlen- und Erdgasförderung, Viehhaltung, Reisanbau, Biomassenverbrennung, Mülldeponien
- **FCKW** aus der Verwendung als Kühl-, Treib- und Lösungsmittel
- **Distickstoffoxide (N_2O)** aus der landwirtschaftlichen Düngung
- **bodennahes Ozon (O_3)**
- **Wasserdampf**
- **Halone**
- **Schwefelhexafluoride (SF_6)**

Von größter Bedeutung ist die **Verweildauer** und die **Störungszeit** (Dauer in Jahren, nach der sich nach einem theoretisch sofortigen Abbruch der Emissionen wieder der Ursprungszustand einstellt) der Spurengase in der Atmosphäre. **Für CO_2 gilt:** Verweildauer = 5 bis 10 Jahre; Störungszeit = **bis zu 200 Jahre!**

Die Rolle der Ozeane

Sie verhindern eine noch höhere CO_2-Konzentration dadurch, dass sie jährlich etwa 50 % aller anthropogenen Emissionen binden.

Beispiele heute beobachtbarer Ereignisse, die mit dem anthropogen verstärkten Treibhauseffekt zu tun haben könnten

- **auffällig lange → El-Niño-Warmphasen**
- **Anstieg des Meeresspiegels** (bis zu 25 cm in den letzten 100 Jahren)
- genereller **Anstieg der Luftfeuchtigkeit in den Tropen**
- auffallende **Abnahme der Schneemächtigkeit in Hochgebirgslagen**
- allgemeiner **Anstieg des Bewölkungsgrades über Festländern**
- **Zunahme extremer Witterungserscheinungen** (z. B. Tornado-Gewitter und Hagelhäufigkeit, jahreszeitlich untypische Warm- und Kaltphasen, etc.)

Hypothesen zum anthropogen verstärkten Treibhauseffekt

- **Abschmelzen von Polkappenteilen und genereller Meeresspiegelanstieg** (primär durch Erwärmung der oberen Wasserschichten der Ozeane und damit verbundene Volumenvergrößerung, sekundär durch abgeschmolzenes Eis)
- dadurch **Überflutungen von Küstenbereichen**
- häufigeres Auftreten von **Hitze- und Kälteperioden**
- Veränderung der Laufbahnen von Meeresströmungen mit **großräumigen Klimaveränderungen**

Viele der heute getroffenen Aussagen zum Treibhauseffekt beruhen auf Vermutungen oder Messungen, deren Relevanz z. B. infolge von Lückenhaftigkeit ungenau sind. Mit der Methode des **geothermischen Gradienten** in der Antarktis lassen sich aber heute sehr genaue Prognosen erstellen. Der Gradient beschreibt die Wärmedurchleitung im antarktischen Eis von der Oberfläche in tiefere Schichten. Wird eine schnellere Wärmedurchleitung nach unten bei ansonsten gleichen Bedingungen festgestellt, so kann daraus auf eine verstärkte Wärmeeinbringung an der Oberfläche geschlossen werden. Die derzeitigen Untersuchungen ergeben tatsächlich eine Wärmezunahme in tiefere Eisschichten um mehrere Grade Celsius.

Mögliche Maßnahmen zur Eindämmung des anthropogen verstärkten Treibhauseffekts

- Internationale Abkommen zur Begrenzung und Reduzierung des CO_2-Ausstoßes (z. B. **Klimakonferenz von Rio**)
- Reduzierung der Verbrennung fossiler Brennstoffe zugunsten **Einführung alternativer Energieträger** (zurzeit noch nicht adäquat durchführbar)
- **Technologische Verbesserungen** in den Bereichen Energieerzeugung und Kraftfahrzeugtechnik (z. B. neue Motorenarten)
- Einsatz der **Brennstoffzelle**
- Steuerliche Vergünstigungen bei Verwendung energiesparender Antriebstechniken
- Reduktion der Brandrodung, z. B. durch Intensivierung der landwirtschaftlichen Nutzung auf bestehenden Nutzflächen

MERKE ▪ **Treibhauseffekt**

- **Treibhausproblematik: natürliche und anthropogene Komponente**
- **Strahlungshaushalt im Treibhaus: eintreffende kurzwellige Strahlung, abgehende langwellige Wärmestrahlung**
- **Übertragung auf Atmosphäre: Solarkonstante, Globalstrahlung (diffuse Himmelsstrahlung + direkte Sonneneinstrahlung)**
- **Rolle des CO_2 als Hauptverursacher**
- **weitere Treibhausgase: Methan, FCKW, Distickstoffoxide, bodennahes Ozon, Wasserdampf, Halone, Schwefelhexafluoride**
- **Verweildauer und Störungszeit der Treibhausgase, Rolle der Ozeane**
- **Szenarien zu den Folgen der Erderwärmung, geothermischer Gradient**

6.2 Probleme mit Ozon

Ozon bereitet uns heute in zweierlei Hinsicht Probleme, als **troposphärisches Ozon** tritt es vermehrt besonders in den Sommermonaten in den bodennahen Luftschichten auf (**Photosmog**), in der **Troposphäre** dünnt es in der **Ozonschicht** besonders über der Antarktis jahreszeitlich abhängig immer wieder aus und vermindert damit seine Schutzfunktion in Bezug auf gefährliche kurzwellige Strahlung aus dem All.

Beschaffenheit von Ozon (03): Das äußerst reaktionsaktive Spurengas mit einem hohen Oxidationspotenzial besteht aus Molekülen mit drei Sauerstoffatomen. Molmasse 48, Schmelzpunkt −192,7 °C, Siedepunkt −111,975 °C, Dichte bei 0 °C 2,14 g/l.

Troposphärisches Ozon

Troposphärisches und damit auch bodennahes Ozon entsteht durch natürliche und anthropogene Wirkmechanismen.

Natürliche Entstehung: durch Troposphärenfaltungen (Frühjahr und Herbst), wobei Ozon aus der Stratosphäre bis in Höhen von ein bis zwei Kilometern über der Erdoberfläche eingebracht wird.

Reaktionszyklen der Photooxidation (vereinfacht)
1. $NO_2 \rightarrow NO + O$
2. $O + O_2 \rightarrow O_3$
3. $O_3 + NO \rightarrow O_2 + NO_2$
4. $NO_2 + O_2 \rightarrow NO + O_3$

Anthropogene Entstehung: in Bodennähe durch die Beteiligung von **Präkursoren** (Substanzen wie Kohlenwasserstoffe und Stickoxide), die durch Lichtenergie bodennahes Ozon als Photooxidanten entstehen lassen.

Eine besondere Rolle spielen während der Sommermonate (erhöhte Reaktionsbereitschaft, stärkere Energieeinstrahlung) die **NO-Verbindungen**, die durch Autoabgase vermehrt erzeugt werden. Alarmierend ist die Zunahme des Bodenozons der Sommermonate in den letzten 100 Jahren (1890: 20−40 mg/m^3, 2000: 60−80 mg/m^3). Ursache dafür ist das vermehrte Auftreten von troposphärischen **Peroxidradikalen** biogener (flüchtige Kohlenwasserstoffe aus Wäldern) und anthropogener Natur (Verbrennung von fossilen Energieträgern, Abgase des Straßenverkehrs). Peroxidradikale können NO zu NO_2 oxidieren **ohne** aber weiteres Ozon zu verbrauchen. NO_2 wiederum wird unter Sonneneinwirkung leicht wieder in Ozon umgebaut.

Beispiele für Auswirkungen bodennahen Ozons auf den menschlichen Organismus

Ozon wird durch die Atmungsorgane aufgenommen. Das Molekül ist schwer löslich, deshalb können die wasserhaltigen Schleimhäute der Atmungsorgane Ozon kaum absorbieren. Hierdurch gelangt Ozon bis in die feinsten Lungenverästelungen und kann diese morphologisch verändern. Desweiteren sind als Folgen allergische Reaktionen, verringerte körperliche Leistungsfähigkeit, Bronchialreizungen, Hustenreiz und Erhöhung der Infektionsanfälligkeit bekannt.

Mögliche Gegenmaßnahmen

- Reduzierung des Ausstosses beteiligter Reagenzien, z. B. durch Entwicklung schadstoffarmer Motortechnik, Einschaltung von Schadstofffiltern in Kraftwerken
- Errichtung eines Photosmog-Warnsystems
- nötigenfalls Fahrverbote für Fahrzeuge mit erhöhtem Schadstoffausstoß

Stratosphärisches Ozon

In einer Höhe von etwa 20 – 25 km über der Erdoberfläche befindet sich ein Gürtel mit erhöhter Dichtekonzentration von Ozon (**Ozongürtel, Ozonschicht**). Dieser Schutzschild wirkt als Filter und schirmt die energiereichen UVB- und UVA-Strahlen der Sonne zu etwa 95 bis 97% ab. Ohne die Ozonschicht könnten also die Organismen der Biosphäre nicht überleben.

Stratosphärisches Ozon bildet sich unter dem Einfluss von Sonnenenergie aus Sauerstoff-Atomen: $O_2 \rightarrow O + O$;
$O_2 + O \rightarrow O_3$
Photolytisch, nämlich durch Absorption von UV-Strahlung wird Ozon in der Stratosphäre wieder abgebaut:
$O_3 \rightarrow O + O_2$
So wird unter **ungestörten Bedingungen** ein **Gleichgewicht** aus Ozonneubildung und Ozonabbau erreicht.

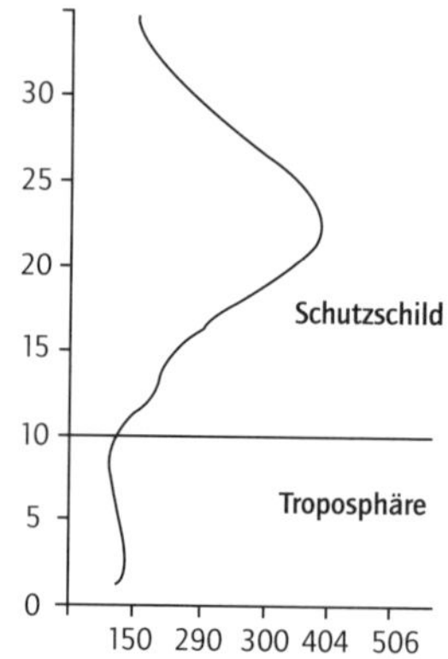

Ozonkonzentration in der Atmosphäre

Problematik: Seit etwa 40 Jahren gelangen in der Natur nicht vorkommende Stoffe (**FCKW = Fluorchlorkohlenwasserstoffe**) in die Stratosphäre. Sie stammen aus technischen Anwendungsgebieten, wo sie als **Treibgas** in Spraydosen, **Kälte- und Lösungsmittel** Verwendung fanden und finden. Sie benötigen zum Aufstieg in die Stratosphäre sieben bis 30 Jahre, sodass – selbst bei sofortigem Einsatzstop dieser Mittel – ihre Ozon zerstörende Wirkung erst in mittlerer Zukunft beendet sein wird. Das in den FCKW enthaltene Chlor ist äußerst reaktionsaktiv. Ein einziges Chloratom kann in wiederkehrenden Reaktionsfolgen bis zu 10 000 Ozonmoleküle durch Umbau in Sauerstoff zerstören.

MERKE ▪ Spezifische Reaktionsbedingungen über der Antarktis

① **Grundsätzlich: Energiereiches UV-Licht setzt Chlor-Atome aus den FCKW frei: $CF_3Cl \rightarrow CF_3 + Cl$**

② **Reaktion von Ozon-Molekülen mit Chlor-Atomen zu Chloroxidradikalen: $Cl + O_3 \rightarrow ClO + O_2$**

③ **Bildung von Reservoirgasen (zwischenzeitliche Speicherung von Chlor) durch Reaktion von Chlormonoxid mit anderen Gas-Molekülen: $ClO + NO_2 \rightarrow ClONO_2$**

④ **Auftreten von sehr tiefen Temperaturen (bis −90 °C) über der Antarktis in den Wintermonaten (Juli – September), dadurch Bildung von polaren stratosphärischen Eiswolken (Polar Stratospheric Clouds = PSC). Umbau der Reservoirgase an der Oberfläche der Eiskristalle zu Verbindungen mit erneut photochemischer Aktivität: $ClONO_2 + H_2O \rightarrow HOCl + HNO_3$**

⑤ **am Beginn des antarktischen Frühlings (ab Oktober): schlagartige Energieeinbringung durch aufgehende Sonne; Freisetzung von Chlor-Atomen durch photochemische Prozesse; Wiederinstandsetzung des Reaktionszyklus: $HOCl \rightarrow HO + Cl$**

Beispiele möglicher Folgen des „Ozonlochs"

- Mehr **Hautkrebserkrankungen**
- Gefahr von **Augenschädigungen** (z. B. Grauer Star)
- Gefahr der **Allgemeinschwächung** von Immunsystemen
- vermehrt Infektionen, Allergien und Atemwegserkrankungen

Mögliche Gegenmaßnahmen

- sofortiges weltweites Verbot für die Verwendung von FCKW in Kühlgeräten, als Spraygas oder Lösungsmittel (in Deutschland seit Jahren verboten)
- Forschung bezüglich der Entwicklung von Ersatzstoffen und deren Umweltbeeinträchtigung

MERKE ▪ die beiden Ozonprobleme

- **zweigliedriges Ozonproblem: troposphärischer Photosmog + stratosphärisches Problem der Ausdünnung der Ozonschicht**
- **Kenntnis der wesentlichen Reaktionsschemata und der jeweiligen Umweltbedingungen**
- **Folgen für den menschlichen Organismus und für die Umwelt und mögliche Gegenmaßnahmen**

6.3 Das El-Niño-Phänomen

Im Bereich der klimaökologischen Forschung sind die Wechselbeziehungen zwischen Meeren und Atmosphäre in den vergangenen Jahren immer mehr in den Vordergrund gerückt. Ozeane verfügen nämlich über eine enorme **Wärmespeicherkapazität** und beeinflussen deshalb die Weltklimate.

Als ein sehr bekanntes Beispiel solcher Interaktionen wird heute das sogenannte **El-Niño-Phänomen** betrachtet. Dabei handelt es sich um ein Klimaphänomen in Form einer **Zirkulationsanomalie**. Der Begriff El Niño bezieht sich ursprünglich auf eine lokale warme Meeresströmung, welche zur Weihnachtszeit (*el niño* = das Christkind) entlang der ecuadorianischen Küste im östlichen Pazifik nach Süden fließt. Heute bezeichnet der Begriff aber eben eine Störung dieser Zirkulation, die jeweils ein bis zwei Jahre andauert und in Intervallen von zwei bis zehn Jahren auftritt.

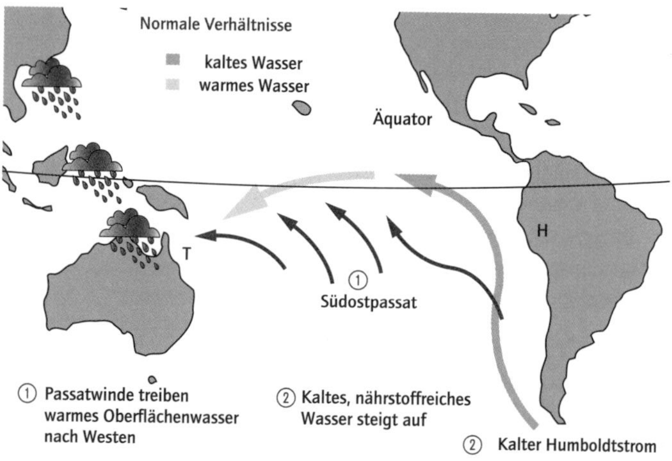

Unter Normalbedingungen (siehe Abbildung oben) herrscht im Bereich des äquatorialen Pazifiks eine stabile Ostströmung des warmen Oberflächenwassers (also nach Westen) bedingt durch die quer über den Pazifik nach Westen wehende sogenannte Walker-Zirkulation. Da das warme Oberflächenwasser nach Westen vertrieben wird ①, strömt als Ausgleichsbewegung an der Westküste Südamerikas kaltes, sauerstoff- und nährstoffreiches Tiefenwasser nach oben ②. Das nach Westen getriebene warme Wasser (wasserdampfreich) führt in Südostasien und Australien zu Niederschlagsreichtum.

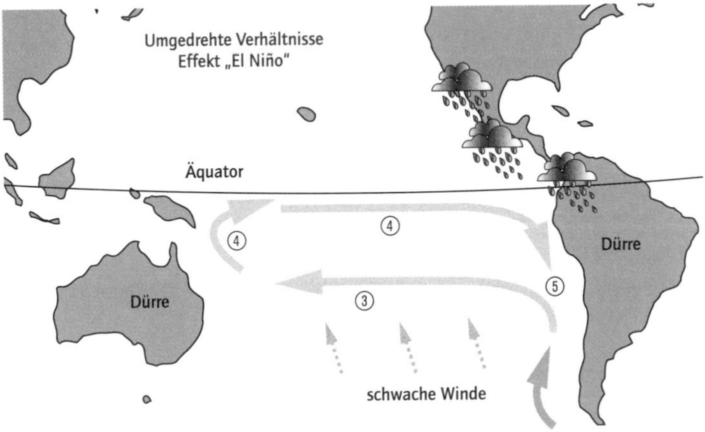

③ Passatwinde schlafen ein, das warme Wasser dreht

④ vor Australien zurück nach Südamerika

⑤ Warmes, nährstoffarmes Wasser verdrängt kühles Wasser

Die Folgen: schwere Regenfälle in Südamerika, Stürme in Nordamerika, Dürre und Missernten in Südafrika, Brasilien, Australien und Südasien

Unter **El-Niño-Störungsbedingungen** (siehe zweite Abbildung) wird dieses Zirkulationssystem umgedreht. Die Passatwinde der Walker-Zirkulation „schlafen ein" ③, das warme Oberflächenwasser „schwappt" sozusagen nach Osten zurück ④ und verhindert an der Westküste Äquatorialamerikas das Aufsteigen der Tiefenwasser ⑤. Nun kommt es zu abnormalen Niederschlägen über Ecuador und Peru und zu einer allgemeinen Erhöhung der Temperatur des Oberflächenwassers vor der südamerikanischen Küste verbunden mit Fischsterben als Folge des zu niedrigen Sauerstoff- und Nährstoffgehalts.

Die Ursachen für die El-Niño-Störung konnten bis heute noch nicht klar gefunden werden. Auffällig ist die Tatsache, dass die Störung immer dann auftritt, wenn auch andernorts auf der Erde starke Klimaanomalien zu beobachten sind, so etwa Dürren in Australien, Nordostbrasilien und Indonesien, extrem kalte Winter in Nordamerika und Japan und ein zahlenmäßig überdurchschnittliches Auftreten von Wirbelstürmen im Zentralpazifik. Die El-Niño-Störung scheint deshalb in einen globalen klimatischen Zusammenhang eingebettet zu sein.

MERKE ▪ Das muss man unbedingt wissen

El-Niño-Normaljahr

- Stabile Oberflächenströmung nach Westen
- Erwärmung der Wassertemperaturen an der Ostküste Australiens und in Südostasien mit Niederschlägen
- Aufsteigendes, kaltes Tiefenwasser als Ausgleichsströmung an der Westküste Südamerikas

El-Niño-Störung

- Einschlafen der Walker-Zirkulation mit Umkehrung der Strömungsverhältnisse
- Zurückschwappen des warmen Wassers an die Westküste Südamerikas
- Blockierung des aufsteigenden, kalten Tiefenwassers
- Fischsterben

Zusammenhänge globaler Tragweite mit anderen Klimaanomalien

CHECKLISTE

6 Globale klimaökologische Probleme

- Treibhauseffekt: Mechanismen des natürlichen und anthropogenen Treibhauseffekts kennen und verstehen; mit Begriffen atmosphärischer Strahlungshaushalt, Reflexion, Absorption, diffuse Himmelsstrahlung und Globalstrahlung umgehen können; verschiedene Treibhausgase und ihre Wirkung kennen; Rolle des CO_2 im Treibhauseffekt erläutern können; Bedeutung der Ozeane und anderer Kohlenstoffspeicher kennen; Szenarien des Treibhauseffekts darstellen können; Gegenmaßnahmen erläutern und bewerten können
- Ozonprobleme: Bedeutung des stratosphärischen Ozons als Strahlungsfilter beschreiben können; Reaktionszyklen und Beeinträchtigungen durch Fluorchlor-Kohlenwasserstoffe erläutern können; troposphärische Ozonproblematik erklären können
- El-Niño-Problem: Wirkungsmechanismen im Normal- und Störungsjahr beschreiben und begründen können;
  Szenarien erläutern können

7 Entwicklungsunterschiede zwischen den Staaten der Erde

Anstelle der allzu formalistischen Bezeichnung Unterentwicklung wird heutzutage meist von Entwicklungsdefiziten in wirtschaftlicher, gesellschaftlicher und politischer Hinsicht gesprochen. Der Begriff der Entwicklungsunterschiede rückt deshalb in den Brennpunkt internationaler, vergleichender Betrachtungen.

7.1 Zur Problematik der Begriffe Entwicklung, Entwicklungsstand und Unterentwicklung

Eine Definition des Begriffs **Unterentwicklung** in allgemeingültiger Sichtweise ist kaum möglich. Zum einen wird Unterentwicklung meist **aus der Sicht der entwickelten (westlich industrialisierten) Länder** gesehen, zum anderen ergeben sich innerhalb der Entwicklungsstände aller Länder, aber auch innerhalb der sogenannten Entwicklungsländer starke Differenzierungen. Anstatt von **Unterentwicklung** und **Entwicklungsländern** zu sprechen, empfiehlt sich eine viel stärkere **Differenzierung der Betrachtungsweise abhängig von den jeweiligen Betrachtungsfeldern** wie Wirtschaft, Gesellschaft, Ökologie usw. Dass dies nicht einfach ist und eine Kategorisierung der Länder der Erde nach ihrem Entwicklungsstand nur äußerst vage durchgeführt werden kann, liegt auf der Hand.

Neuere Erhebungen der Vereinten Nationen wollen belegen, dass von den sechs Milliarden Menschen der Erde etwa drei Viertel in weniger entwickelten Ländern leben. Diese Länder zeichnen sich meist durch ein **überdurchschnittliches Bevölkerungswachstum** aus, trugen aber im Jahre 2003 etwa nur **ein Fünftel zum Weltbruttosozialprodukt** bei. Hieraus wird die gegenüber den sogenannten **Industrieländern äußerst schwache wirtschaftliche Bedeutung** der weniger entwickelten Länder ersichtlich.

Der **Begriff der Unterentwicklung** (besser: Entwicklungsdefizite) war im Verlauf der Jahrzehnte starken Veränderungen unterworfen: Einst war er wohl auf die **Formel Unterentwicklung = Unterernährung/Fehlernährung (Hunger) plus fehlende Bildung** zu reduzieren. Später wurde Unterentwicklung gleichgesetzt mit **fehlender materieller Ausstattung** (Güter des alltäglichen Bedarfs wie Nahrung, Wohnraum und Kleidung). Mittlerweile betrachtet man Entwicklung/Unterentwicklung als das Resultat einer ganz **vielschichtigen Bandbreite an Einflussfaktoren** und hat somit auch erkannt, dass die Förderung einer Entwicklung nur durch ein komplexes Maßnahmenbündel durchgeführt werden kann.

Der Entwicklungsbegriff wird heute vermehrt im Gesamtzusammenhang der **Globalisierung** und einer **kompliziert verflochtenen, globalen Welt** betrachtet. Wer heute über Entwicklung spricht, muss gleichermaßen den Begriff der **Nachhaltigkeit** und der **ökologischen Vertretbarkeit** berücksichtigen. Verallgemeinert bedeutet dies, dass jegliche Maßnahmen zur Entwicklungsförderung auf längerfristige und zugleich ressourcenschonende Effektivität hin überprüft werden müssen.

7.2 Indikatoren für Entwicklungsunterschiede

Für die Kennzeichnung des Entwicklungsstandes eines Landes werden üblicherweise mehrere verschiedene Indikatoren herangezogen.

Beispiele ökonomischer und demografischer Indikatoren

- **BSP absolut und pro Kopf:** Bruttosozialprodukt eines Staates in einem Jahr; Gesamtwert aller Leistungen (Güter und Dienstleistungen) einer Volkswirtschaft in einem Jahr; im Ländervergleich ist der Pro-Kopf-Wert aussagekräftiger, beinhaltet allerdings nur einen Durchschnittswert, der regional erheblichen Unterschieden unterworfen sein kann; das BSP berücksichtigt auch die von Inländern im Ausland erzeugten Leistungen
- **BIP absolut und pro Kopf:** wie BSP, allerdings werden nur die von Inländern im Inland erbrachten Leistungen berücksichtigt; bei BSP und BIP werden häufig auch die **durchschnittlichen jährlichen Wachstumsraten** zur Kennzeichnung der wirtschaftlichen Entwicklung herangezogen
- **Arbeitslosenquote:** Prozent-Anteil der arbeitslosen Erwerbstätigen an der Gesamtzahl der Erwerbstätigen

- **Anteile der Wirtschaftssektoren** (primärer, sekundärer und tertiärer) **am BSP/BIP:** zeigt an, welchen Leistungsanteil der jeweilige Wirtschaftssektor an der gesamtwirtschaftlichen Leistung hat
- **Erwerbsstruktur:** Prozent-Anteile der Erwerbstätigen in den drei Wirtschaftsbereichen (Landwirtschaft, Industrie, Dienstleistungen/Handel) an der Gesamtzahl der Erwerbstätigen; ein hoher Anteil in der Landwirtschaft bei geringem Anteil in der Industrie deutet z. B. auf ein Entwicklungsdefizit hin
- **Energieverbrauch pro Kopf in kg Öleinheiten:** kann ein Indikator für vorhandene/fehlende/einsetzende Industrialisierung sein
- **Landwirtschaft in % des BSP:** Anteil der Landwirtschaft an der Gesamtleistung kann den Entwicklungsstand hinsichtlich der Industrialisierung kennzeichnen
- **Inflationsrate:** kann ein Indikator für den Kaufkraftverlust sein
- **Terms of Trade:** kennzeichnen das Verhältnis zwischen Warenwert der exportierten und importierten Leistungen; gute Terms of Trade sind dann gegeben, wenn die aus dem Export erzielten Geldwerte jene aus dem Import dauerhaft übersteigen; bei weniger entwickelten Ländern werden allerdings vorhandene Rohstoffe oft preislich günstig an den Weltmarkt verschleudert; die Einnahmen aus dem Export sind dann bezogen auf die Warenmenge gering, der Warenwert der für eine industrielle Entwicklung notwendigen, hochwertigen Importprodukte hoch; auf Dauer entwickelt sich eventuell eine negative Außenhandelsbilanz
- **Export- und Importdaten:** die Art der importierten und exportierten Güter kann Aufschluss über Abhängigkeiten, fehlende Rohstoffe etc. geben
- **Zusammensetzung der Bevölkerung nach ethnischen Gruppen:** eine hohe Anzahl ethnischer Gruppen kann unter Umständen Grund für ethnische Konflikte sein
- **Altersstruktur:** Zusammensetzung der Bevölkerung nach Altersgruppen (in der Regel 5-Jahres-Gruppen)
- **Geburten- und Sterberaten:** in Promille der Gesamtbevölkerung
- **Wanderungssalden** (Unterschiede zwischen Ab- und Zuwanderung): oftmals Indikatoren für Strukturschwäche/-stärke eines Raums
- **jährliches Bevölkerungswachstum** (in Prozent oder Promille der Gesamtbevölkerung)
- **Anteil der städtischen/ländlichen Bevölkerung** an der Gesamtbevölkerung
- **Fruchtbarkeitsrate:** Geburten je Frau pro Jahr oder bezogen auf eine Person

Beispiele gesellschaftlich-sozialer und politischer Indikatoren

- **Einschulungsrate:** in Prozent der jeweiligen, schulfähigen Altersgruppe; Maßstab für den Bildungsgrad
- **Anteile der Staatsausgaben für Bildung und Gesundheit**
- **Anteil der Bevölkerung mit Zugang zu Trinkwasser**
- **Anteil der Bevölkerung mit Zugang zu Sanitäreinrichtungen**
- **Analphabetenrate**
- **Durchschnittliche Zahl von Einwohnern pro Arzt**
- **Säuglingssterblichkeit:** in Prozent der Lebendgeborenen
- **Durchschnittliche Lebenserwartung:** in weniger entwickelten Ländern im Durchschnitt wegen schlechterer gesundheitlicher Versorgung und schlechterer Hygiene geringer
- **Kindersterblichkeit:** in der Regel in Prozent oder Promille der 5- bis 14-Jährigen
- **Anteil der erhaltenen Entwicklungshilfe am BSP/BIP**
- **Human Development Index** (HDI): Indikator für die menschliche Entwicklung, der neben wirtschaftlichen Kennzahlen (Bruttonationaleinkommen/Einwohner und Kaufkraft) auch gesellschaftliche Faktoren wie Lebenserwartung, Alphabetisierung und Einschulungsrate berücksichtigt und somit ein ganzes Faktorenbündel bei der Bewertung des Entwicklungsstandes eines Staates/einer Region heranzieht.

MERKE ▪ **Umgang mit Indikatoren**

Mit Indikatoren muss vorsichtig umgegangen werden! Interpretationen hängen von den vor Ort gegebenen besonderen Umständen ab. Viele der Kennziffern werden außerdem durch äußere und innere Einflüsse wie etwa politische und wirtschaftliche Verträge mit anderen Ländern, politische, ethnische und religiöse Konflikte, alte traditionelle Verhaltensweisen und ererbte Strukturen aus der Kolonialzeit gesteuert. Schließlich können in geodeterministischer Weise auch die Naturfaktoren eine entscheidende Rolle spielen, so etwa Trockenperioden, hohe Niederschlagsvariabilität, ungünstige/günstige Bodenverhältnisse, klimatische Gunst- und Ungunstfaktoren usw.

7.3 Klassifizierung der Staaten der Erde nach ihrem Entwicklungsstand

- **Erste Welt** (westliche Industrienationen), **Zweite Welt** (sozialistische Industriestaaten) und **Dritte Welt** (Entwicklungsländer/unterentwickelte Länder): Problematik: Fehlen einer weiteren Differenzierung z. B. im Bereich der Dritten Welt, wo Entwicklungsdefizite auf sehr unterschiedliche Weise zustande kommen (etwa koloniales Erbe, wirtschaftliche Abhängigkeiten, religiöse Einflüsse, klimatische Abhängigkeiten usw.); außerdem Bedeutungsverlust bzw. Transformationsprozesse der ehemals sozialistischen Länder, die keine Berücksichtigung finden; keine Berücksichtigung beispielsweise der sogenannten Schwellenländer, in denen eine wirtschaftliche Entwicklung initiiert wurde, der Aufbau eines sozialen Systems aber noch hinterherhinkt
- **Nord-Süd-Gegensatz:** er beschreibt die Tatsache, dass es ein Entwicklungsgefälle zwischen den nördlich gelegenen Industriestaaten und den vorwiegend im tropischen und subtropischen Bereich gelegenen Ländern gibt; Problematik: richtige Grundaussage, jedoch fehlende Differenzierung, stattdessen verschwommene Verallgemeinerung
- **Klassifizierung der Vereinten Nationen:** als **LDC** (**Least Developed Countries**) werden alle Länder bezeichnet, deren Bruttoinlandsprodukt pro Kopf (BIP pro Kopf) unter einem bestimmten Wert liegt (800 US-Dollar im Mittel der letzten drei Jahre); außerdem wird der **APQLI** (**Augmented Physical Quality of Life Index**) herangezogen, der beispielsweise Alphabetisierungsquote, Kalorienversorgung pro Kopf, durchschnittliche Lebenserwartung, Einschulungsrate und andere Indikatoren berücksichtigt; schließlich findet der **EDI** (**Economic Diversification Index**) Verwendung, der den Industrieanteil am BIP, den Energieverbrauch pro Kopf, den Grad der Exportorientierung und anderes beschreibt; in der Gruppe der LDCs werden außerdem die **MSAC** (**Most Seriously Affected Countries**) unterschieden (im Jahre 2002 etwa 50 Staaten, so etwa Afghanistan, Sudan und Somalia); MSAC verfügen über allgemein **hohe Exportquoten von Rohstoffen und halbfertigen Produkten, langfristig schlechte Terms of Trade** (das Verhältnis zwischen Import- und Exportquote), **hohe Schuldendienste** (Summe aus Zins- und Tilgungszahlungen für Kredite) und **niedrigste Pro-Kopf-Einkommen**
- **Klassifizierung der Weltbank:** hier wird lediglich die Pro-Kopf-Leistung (Bruttosozialprodukt pro Kopf) berücksichtigt

- **NIC (Newly Industrializing Countries)/NIE (Newly Industrializing Economies)/Schwellenländer/Take-Off-Countries:** Etwa 30 Staaten der Erde (z. B. Indien, Taiwan, Singapur, Südkorea, Argentinien, Brasilien), deren wirtschaftliche Entwicklung bereits initiiert oder vorangeschritten, deren sozialgesellschaftliche Entwicklung aber noch nicht angelaufen bzw. ausgereift ist.
- **OPEC-Länder** (Organization of Petrol Exporting Countries): Zusammenschluss der Erdöl exportierenden Länder; diese stützen ihre teils geringe wirtschaftliche Entwicklung auf die Erdölförderung und den Ausbau der Petroindustrie
- **Transformationsländer:** Staaten ehemals sozialistischer Prägung, die nach dem Zerfall der Sowjetunion von planwirtschaftlichen zu marktwirtschaftlichen Strukturen übergegangen sind oder noch übergehen; in diesen Staaten kommt es auch heute noch zu teilweise schwerwiegenden wirtschaftlichen, gesellschaftlichen und politischen Anpassungsproblematiken.

CHECKLISTE

7 Entwicklungsunterschiede

- **Begriffsproblematik Entwicklung, Unterentwicklung und Entwicklungsstand erläutern können**
- **Begriffe Entwicklungsunterschiede und Entwicklungsdefizite richtig verwenden können**
- **mit elementaren Indikatoren wirtschaftlicher, demografischer, gesellschaftlicher und politischer Art umgehen können**
- **traditionelle und moderne Wege der Klassifizierung von Ländern/Regionen unterschiedlichen Entwicklungsstandes erläutern können**

8 Welthandel und Globalisierung

Die Globalisierung im engeren (wirtschaftlichen) Sinn, also die Internationalisierung von Waren-, Dienstleistungs- und Kapitalströmen, wird heute sowohl als Auslöser schwerwiegender weltumspannender Wirtschaftskrisen, als auch als Chance für die Einebnung von Entwicklungsunterschieden diskutiert. Vor dem Hintergrund von Globalisierungsprozessen werden mittlerweile die weltwirtschaftlichen Verflechtungen, Interaktionen und Abhängigkeiten untersucht.

8.1 Daten zur Weltwirtschaftsordnung

Welthandel in der Theorie, Hemmnisse in der Praxis

Idealvorstellung: Der **wirtschaftliche Austausch** von Waren, Dienstleistungen und Kapital fördert gegenseitig den Wohlstand der beteiligten Handelsländer. Staaten können heute nicht mehr isoliert agieren, sondern nur im **Verbund des Welthandels**. Im Sinne einer **internationalen Arbeitsteilung** stellt jeder Staat die Güter her, für die er spezifische Produktionsfaktoren (z. B. Arbeitskräfte, Rohstoffe, Know-how, Grund und Boden und andere) besitzt. Aus dieser arbeitsteiligen Produktion resultieren **absolute** und **komparative Kostenvorteile**. Eine Produktion über den Binnenmarkt hinaus ermöglicht über die **Exporterlöse** einen **Produktaustausch** und damit ein **vielfältigeres Warenangebot**.

In der Realität: Die **Selbstregulierungskräfte** des Marktes werden durch andere Einflüsse, z. B. Protektionismus, staatlich auferlegte Zölle, Subventionen u.a. **gestört**. **Monopolpositionen** entstehen durch die Konzentration wirtschaftlicher Macht in transnationalen Großkonzernen und in starken Wirtschafts-Teilregionen (z. B. EU, Nordamerika, Südostasien). **Unterentwickelte Staaten werden benachteiligt** infolge geringer Exportquoten oder infolge von Exportprodukten mit geringer Wertschöpfung (z. B. mineralische und landwirtschaftliche Rohstoffe).

Allgemeindaten zur Weltwirtschaft

Nach wie vor zeigen die Welthandelsströme, welch unterschiedlich hohe Anteile die Weltwirtschaftsräume besitzen. Die wesentlichen Inustrieländer dominieren die Handelsströme, die wiederum deutliche Indikatoren ökonomischer Entwicklung sind. Die Warenströme zwischen Europa und Asien sowie Nordamerika und Asien haben gewaltige Dimensionen angenommen. Darin drückt sich die wirtschaftliche Erstarkung dieses Wirtschaftsraums aus.

Welthandelsströme 2007

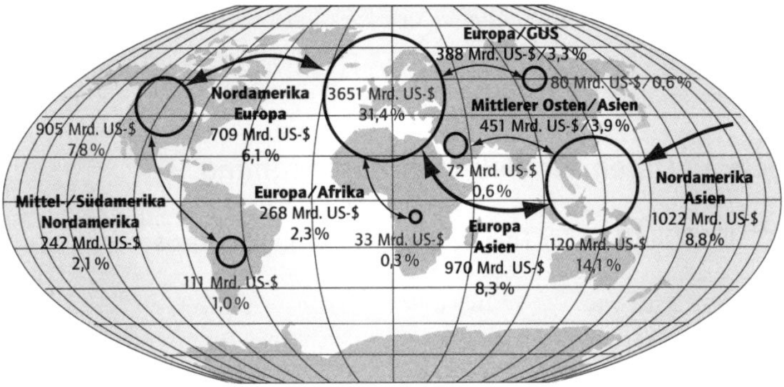

MERKE ▪ Welthandelsströme

- Verhältnis des Handelsvolumens innerhalb der Blöcke
- terms of trade der Entwicklungs- und Transformationsländer (negative Außenhandelsbilanz)
- Dominanz der westlichen Industrieländer; 75 % der Menschheit (Entwicklungsländer) haben somit am Welthandel einen nur äußerst geringen Anteil

8.2 Wirtschaftsblöcke und Organisationen des Welthandels

Allgemein können **westliche Industrieländer**, **Entwicklungsländer** und **Transformationsländer** unterschieden werden. Die **westlichen Industrieländer** zeichnen sich durch einen auffallend **starken Binnenhandel** aus, der besonders in Westeuropa durch einen **hohen Ergänzungsgrad differenzierter industrieller Volkswirtschaften** verdeutlicht wird. Die **Entwicklungsländer** treiben vergleichsweise geringen Handel untereinander, ja machen sich sogar gegenseitig bei den Exportgütern Konkurrenz. Bezogen auf ihren Bevölkerungsanteil (ca. 75 % der Weltbevölkerung) ist ihr Anteil am Gesamtwelthandel immer noch als extrem unterdurchschnittlich anzusehen. Die **Transformationsländer** werden immer noch durch Umstrukturierungsmaßnahmen und das Wegbrechen ihrer ehemaligen Ostblockhandelsströme in ihrer wirtschaftlichen Entwicklung gebremst. Die **ehemalige Dominanz der Weltwirtschaft durch die USA** hat sich in Richtung einer **polyzentrischen Struktur** mit den Wirtschaftsblöcken **USA, Westeuropa und Südostasien** entwickelt. Innerhalb des Welthandels haben sich infolge **regionaler Wirtschaftsabkommen** wirtschaftliche Bündnis- und Kooperationsblöcke und daraus resultierende **erweiterte Binnenhandelsregionen** entwickelt (siehe Übersicht S. 90/91).

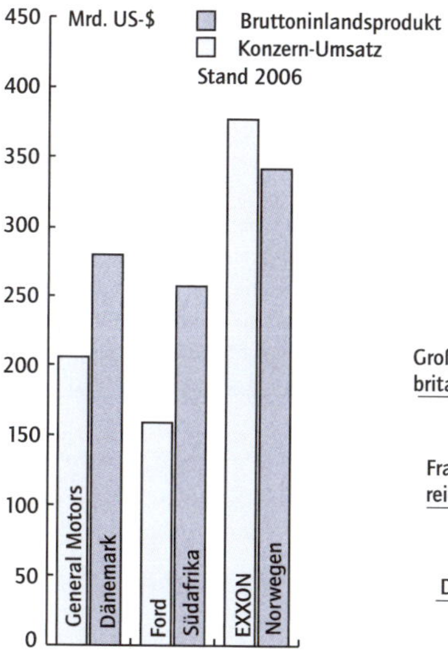

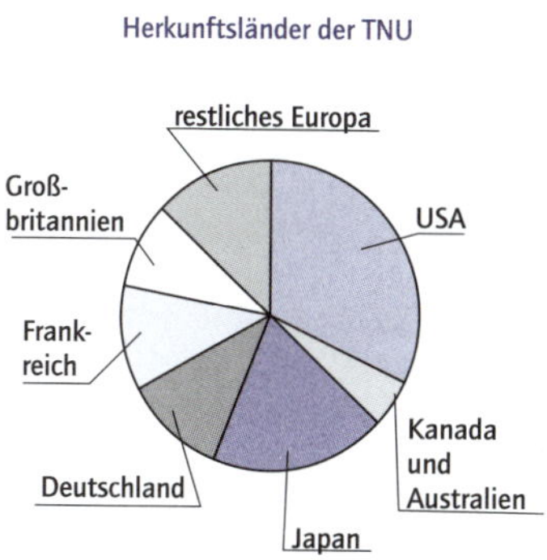

- **Transnationale Unternehmen** (TNU) stellen etwa ein Drittel aller Weltexporte her. Diese Unternehmen sind sehr stark in die Prozesse der Globalisierung integriert. Ihre Gesamtzahl betrug 2000 weltweit etwa 42 000. TNU transferieren Technologien, Management-Know-How und Kapital, beeinflussen mit ihren Standortentscheidungen wesentlich nationale Ökonomien, steuern die internationale Arbeitsteilung und verfügen über etwa vier Fünftel aller weltweit vorhandenen Technologien.
- **GATT (General Agreement on Tariffs and Trade)** 1947 in der Zeit der kolonialen Nachkriegsordnung gegründet; Hauptziele waren eine offene Welthandelsordnung, der Abbau von Zöllen, Gebühren, Lizenzen, Kontingenten, Abschöpfungen und sonstigen Wirtschaftsnormen. GATT ging 1994 in die Hand der **Welthandelsorganisation (WTO = World Trade Organisation)** über. Hauptziele: Verbesserung des klassischen Warenhandels, Patentregelungen, Investitionen.

Bezeichnung	Erläuterung/ Staaten	Einwohner in Mio
NAFTA	**North American Free Trade Agreement** Kanada, USA, Mexiko	400
Andenpakt	– Kolumbien, Bolivien, Ecuador, Peru, Venezuela	106
Mercosur	**Mercado Común del Sur** Argentinien, Brasilien, Paraguay, Uruguay, Chile, Bolivien	210
EU	**Europäische Union** Belgien, Dänemark, Deutschland, Griechenland, Spanien, Frankreich, Irland, Italien, Luxemburg, Niederlande, Österreich, Portugal, Finnland, Schweden, Großbritannien und Nordirland EU-Erweiterung: Estland, Lettland, Litauen, Malta, Polen, Slowakische Republik, Slowenien, Tschechische Republik, Ungarn, Zypern, Bulgarien, Rumänien	430
ECOWAS	**Economic Community of West African States** Benin, Burkina Faso, Elfenbeinküste, Gambia, Ghana, Guinea, Guinea-Bissau, Kap Verde, Liberia, Mali, Niger, Nigeria, Senegal, Sierra Leone, Togo	228
PTA	**Preferential Trade Area** Verbund zahlreicher afrikanischer Staaten	335
OPEC	**Organization of Petrol Exporting Countries** Algerien, Indonesien, Irak, Iran, Katar, Kuwait, Libyen, Nigeria, Saudi-Arabien, Venezuela, Vereinigte Arabische Emirate	514

Bezeichnung	Erläuterung/ Staaten	Einwohner in Mio
APEC	**Asia-Pacific Economic Cooperation** Australien, Brunei, Chile, Republik China, VR China, Indonesien, Japan, Kanada, Republik Korea, Malaysia, Mexiko, Neuseeland, Papua-Neuguinea, Peru, Philippinen, Russland, Singapur, Thailand, USA, Vietnam	2510
ASEAN	**Association of South East Asian Nations** Brunei, Indonesien, Kambodscha, Laos, Malaysia, Myanmar, Philippinen, Singapur, Thailand, Vietnam	505

- **Europäische Union und AKP-Staaten (Afrika-Karibik-Pazifik):** Das erste **Lomé-Abkommen** (1975) begründete eine Zusammenarbeit zwischen den Staaten der Europäischen Union und den AKP-Staaten. Vertragsinhalte waren der freie Zugang von AKP-Produkten in die EU, finanzielle und technische Unterstützung bezüglich einer ländlichen Entwicklung der AKP-Staaten, Finanzhilfen für bergbauliche Erzeugnisse und der Aufbau des STABEX-Systems (zur Stabilisierung der Rohstoffpreise).
- **Weltbankgruppe:** Diese Sondereinrichtung der **Vereinten Nationen** umfasst: Internationale Bank für Wiederaufbau und Entwicklung (BRD), Internationale Entwicklungsorganisation (IDA), Internationale Finanz-Corporation, Multilaterale Investitions-Garantie-Agentur (MIGA), Internationales Zentrum für die Beilegung von Investitionsstreitigkeiten (ICSID). Hauptaufgaben: wirtschaftliche Förderung und Aufbau sozialer Netze in unterentwickelten Staaten, Vergabe von längerfristigen Darlehen, Garantieübernahmen, Projekt- und Programmfinanzierung.
- **Internationaler Währungsfond (IWF, IMF):** Er strebt ausgewogenes Wachstum der Weltwirtschaft an, fördert die internationale währungspolitische Zusammenarbeit, versucht den Abbau der Zahlungsbilanzungleichgewichte und stützt die Stabilität der Währungen.
- **UNCTAD** (United Nations Conference on Trade and Development): Organ der Generalversammlung der Vereinten Nationen mit der Zielsetzung, die wirtschaftliche Entwicklung und den Handel weltweit zu fördern; zur Zeit ca. 190 Mitgliedsländer (davon G77 = Entwicklungsländer Afrikas, Lateinamerikas und Asiens)

8.3 Globalisierung

Begriffsdefinition

Die **OECD** (Organisation for Economic Cooperation and Development) definiert **Globalisierung aus Sicht der Industrieländer** als einen *„Prozess, durch den Märkte und Produktion in verschiedenen Ländern immer mehr voneinander abhängig werden – dank der Dynamisierung des Handels mit Gütern und Dienstleistungen und durch die Bewegungen von Kapital und Technologie".* Der Prozess der Globalisierung läuft derzeit mit hoher Geschwindigkeit und hoher Intensität ab. Seine Anfänge finden sich in den 80er-Jahren des 20. Jahrhunderts. Seitdem steuert die Globalisierung wesentliche Strukturveränderungen der Weltordnung.

MERKE ▪ Globalisierung
Globalisierung ist die Intensivierung transnationaler und interaktionärer globaler Verflechtungen in Politik, Wirtschaft, Ökologie, Kommunikation, Technologie und Kultur.

Globalisierung ist beispielsweise an einer **zunehmenden Konkurrenzsituation** auf den Märkten des internationalen Handels spürbar, die nicht nur Waren, sondern auch Dienstleistungen, Kapital und das Transportwesen betrifft. Wichtige Begleiterscheinungen, gleichermaßen Voraussetzungen, sind ein **weltweiter Trend zur Deregulierung**, die **globale Vernetzung der Kapitalmärkte** und ein **verstärkter Informationsaustausch** besonders über die neuen Medien. Darüber hinaus spielen sogenannte **global players** (transnationale Megaunternehmen) eine entscheidende, die engen ökonomischen Restriktionen der Nationen sprengende Rolle. Ganz besondere Bedeutung innerhalb des Prozesses kommt dem **Kommunikations- und Transportwesen** zu (world wide web, E-Mail, GPS-gesteuerte Transportabläufe etc.).

Ursprünge

Vereinfacht formuliert handelt es sich um jene Zeitpunkte/-räume, in denen die Menschheit als Ganzes oder in großen Teilen gemeinsame Ideen, Konzepte und Probleme behandelte. **Th. R. Malthus** beschrieb bereits 1798 in *An Essay on the Principle of Population, as it affects the Future Improvement* *of Society* die Notwendigkeit, bevölkerungsplanerisch in Hinblick auf die Nahrungsmittelversorgung wirksam zu werden, um spätere sozioökonomische Probleme zu vermeiden.

Der **Club of Rome** beschreibt in den 70er-Jahren des 20. Jahrhunderts ein problematisches Szenario über die begrenzte Verfügbarkeit irdischer Ressourcen und mögliche hieraus erwachsende Folgen. Globalisierung im heutigen Sinn begann dann, als durch neue Kommunikations- und Informationstechniken Nachrichten und Informationen auf globaler Ebene schnell verbreitet werden konnten.

Die folgende Liste aus dem **UNDP-Bericht über menschliche Entwicklung** aus dem Jahre 1997 zeigt überblicksartig die entscheidenden Auslöser und das Wirkungsgefüge der Globalisierung:

- **Wegfall der Handelsschranken:**
  - Abbau von Handelshemmnissen (z. B. Zölle)
  - Aufhebung von Devisenkontrollen
  - Expansion des Welthandels
- **Zunehmende Finanzströme:**
  - Zunahme von Direktinvestitionen
  - Expansion des Welthandels
  - Machtexplosion der Finanzmärkte
  - Hauptzufluss der Finanzmittel in die Industrieländer
  - Abnahme des Wertanteils bei Roh- und Grundstoffen zugunsten stärkerer Investitionen im Dienstleistungsbereich
  - zunehmende Bedeutung der multinationalen Konzerne bei der Mobilisierung von Kapital und Technologie
- **Globale Technologie:**
  - Technologietransfer in Entwicklungsländer unter Ausnutzung von komparativen Kostenvorteilen (z. B. niedriges Lohnniveau)
  - Auseinanderbrechen der ehemals räumlichen Konzentration von Technologie, hoher Produktivität und hohen Löhnen, stattdessen verstärkte ausländische Investitionen

Ausprägungen der Globalisierung

Die tatsächlichen Dimensionen der Globalisierung werden beispielhaft im Folgenden anhand verschiedener Tätigkeitsbereiche des öffentlichen Lebens exemplifiziert und verdeutlicht.

INSIDER-TIPP ▪ Globalisierung

Dieser Begriff wird derzeit kontrovers diskutiert. Allzu oft werden Globalisierungsprozesse auf den Verlust von Arbeitsplätzen infolge der Arbeitsplatzverlagerung in Billiglohnländer reduziert. Gehen Sie deshalb mit diesem Begriff behutsam um und vermeiden Sie plakative Aussagen. Verwenden Sie stattdessen besser Begriffe wie Internationalisierung von Waren-, Dienstleistungs- und Kapitalströmen.

Globalisierung in verschiedenen Bereichen	
Wirtschaft z. B.	– zunehmende Bedeutung multinational arbeitender Konzerne (Global Players) mit Wirtschaftsstrategien globaler Tragweite – Zunahme der Direktinvestitionen (besonders in Schwellenländern) – überdurchschnittliche Wachstumsraten im Bereich der Wissenschafts- und Technologieentwicklung – Zunahme der internationalen Arbeitsteilung unter Ausnutzung komparativer Kostenvorteile – zunehmendes Trachten nach Spekulations- und Anlagegewinnen (Aktienbeteiligungen als Teil der Wirtschaftsstrategie eines Unternehmens) – sinkender Kostenaufwand für Transport und Kommunikation – allgemein steigende Exportanteile
Gesellschaft z. B.	– Zunahme sozialer und ethnischer Konflikte – Wegfall räumlicher Distanz – Internationale Arbeitsplatzkonkurrenz – Entwicklung von Industrieländern hin zu Überalterung, von Entwicklungsländern hin zu einem hohen Kinder- und Jugendanteil – zunehmende weltweite Konkurrenz der Sozial- und Umweltstandards – zunehmende Überprägung kultureller Identitäten z. B. durch vereinheitlichtes Konsum- und Freizeitverhalten – zunehmende räumliche Mobilität, bzw. zunehmender Zwang hierzu

Politik z. B.	– Privatisierungstendenzen ehemals staatlicher Institutionen (Post, Bahn) – Ausbreitung einer neoliberalen Wirtschaftsphilosophie – Aufhebung von Einfuhr-/Ausfuhrbeschränkungen, somit Deregulierung des Güter-, Dienstleistungs- und Kapitaltransfers – Entstehen regionaler Großwirtschaftszonen (z. B. EU, NAFTA, asiatisch-pazifischer Raum) – Verlust ehemals nationaler Machtstrukturen an übernationale Organisationen – zunehmende internationale Kooperation besonders nach dem politischen Bedeutungsverlust des Ostblocks
Wissenschaft und Technologie z. B.	– Tendenz zur Miniaturisierung – Tendenz zur zeitlichen Beschleunigung von Entwicklungs- und Forschungsverfahren – Erfolge in der landwirtschaftlichen Produktion durch Einsatz der Gentechnologie – kürzere Transportzeiten durch Einsatz neuer Verkehrstechnologien – schnellerer, reichweitenunabhängiger Transport von Personen (z. B. durch Flugverkehr, Hochgeschwindigkeitszüge) – Abkoppelung vom Ressourcenverbrauch durch technische Fortschritte – revolutionäre Kommunikationstechniken

8.4 Auswirkungen der Globalisierung

Wirtschaftliche Auswirkungen

a) Allgemeine Auswirkungen

- starke Tendenz der **Verlagerung von Produktion** aus dem verarbeitenden Gewerbe hin zum Dienstleistungssektor
- qualitative Veränderung des sekundären Sektors hin zu **kapitalintensiven High-Tech-Produktionszweigen** bei gleichzeitiger **Abnahme des Beschäftigtenanteils** infolge Automatisierung der Produktionsabläufe
- grundlegende **Internationalisierung** bei gleichzeitigem **Herausbilden regionaler, kompakter Wirtschaftsräume**, z. B. EU, USA, ASEAN, FTAA (Free Trade Area of the Americas), MERCOSUR, TAFTA (Transatlantic Free Trade Area)
- Zunahme der **ausländischen Direktinvestitionen**

b) Auswirkungen auf den Handel von Gütern

- bessere Expansionsmöglichkeiten für heimische Unternehmen (höherer Exportanteil, Erschließung neuer Märkte)
- bessere Transfermöglichkeiten für Know-how
- Lohnkostenvorteile für die Industrieländer
- Möglichkeit wirtschaftlicher Impulsgebung in den weniger entwickelten Ländern
- gleichzeitig aber Schaffung von Risiken durch die Lohnkostenvorteile in weniger entwickelten Ländern
- Verminderung des Wohlstandes in den Industrieländern durch Verlagerung von Arbeitsplätzen ins Ausland
- Gefahr des Kapitalrückflusses aus einem Entwicklungs- in ein Industrieland, damit geringe Teilhabe an der durch ausländische Unternehmen erwirtschafteten Leistung

c) Arbeitsmarktbezogene Auswirkungen

- Für die **Industrieländer** sind **zwei Tendenzen** sichtbar: einerseits **Bedeutungsverlust von weniger qualifizierter, ungelernter Arbeit** und **Erfordernis höherer Ausbildungsstandards** in den modernen Produktionsprozessen, andererseits **Verschiebung der Nachfrage zu Produkten mit kapitalintensiver Produktion**. Hieraus folgt eine immer **stärkere Einkommensdifferenzierung**. Es besteht die Gefahr, dass sich die **Einkommensschere** immer weiter öffnet (niedrige Arbeitsleistung wird weniger hoch, qualifizierte Arbeitsleistung wird noch besser bezahlt werden). **Einkommensdisparitäten** können sich so drastisch verstärken. Mögliche Gegenmaßnahme: **staatlich gelenkte Anhebung der unteren Einkommensgrenze**. Dann aber besteht die Gefahr der Verlagerung von Arbeitsplätzen in das Ausland unter Ausnutzung der Lohnkostenvorteile.
- In den **Entwicklungsländern**: Chance auf neue Entwicklungsschübe und Errichtung einer wettbewerbsfähigen Volkswirtschaft. Da die Entwicklungsländer aber meist nur über einen Produktionsfaktor, nämlich die menschliche Arbeitskraft, im Übermaß verfügen, besteht das Risiko, dass weiterhin für lange Zeit **nur Niedriglöhne** gezahlt werden. Finanzielle Mittel von staatlicher Seite zur Überbrückung einer Übergangszeit fehlen in den Entwicklungsländern im Gegensatz zu den Industrieländern weitgehend. Für viele der unterentwickelten Länder stehen außerdem Probleme der Befriedigung der Grundbedürfnisse (Armut, Hunger) so stark im Vordergrund, dass für wirtschaftliche Entwicklungskonzepte kaum Zeit

und Mittel zur Verfügung stehen. Der Abbau von Einkommensdisparitäten zwischen Industrie- und Entwicklungsländern erscheint angesichts der Tätigkeit multinationaler Großkonzerne, die ihre hochproduktive Fertigung weiterhin auf ihrem Staatsgebiet belassen, schwer erreichbar.

d) Auswirkungen auf die Finanzmärkte

- allgemeine **Liberalisierung der Kapitalmärkte**: höhere Markteffizienz infolge des Abbaus von Kapitaltransferbestimmungen
- denkbar: höhere Investitionen zur Entwicklungs- und Produktionsverbesserung
- Infolge des hohen **Verschuldungsgrades** werden voraussichtlich aber Entwicklungsländer weniger stark an der Kapitalliberalisierung teilhaben können.

Gesellschaftliche und kulturelle Aspekte

Die nationalen Kulturen und Gesellschaften werden durch die enorm schnelle, internationalisierte Entwicklung gerade der Kommunikationsstrukturen mit Sicherheit stark verändert werden. Bereits heute werden Begriffe wie **Wertebeliebigkeit**, **neue Werteorientierung**, **Werte- und Kulturimperialismus** und **Clash of Civilizations** kontrovers diskutiert.

Zu kulturellen Problemen kommt es dann, wenn westliche Verhaltensmuster, Kommerzialisierung und eine aggressive Werbepolitik auf traditionelle, kulturphilosophisch-religiöse Bereiche treffen. Die Globalisierung kann einerseits zur **Öffnung eines traditionalistischen Staates** hin zu **neuen Kulturtechniken** führen, andererseits aber auch zu starken Gegenreaktionen etwa im religiösen und sprachlichen Bereich (so etwa Verstärkung fundamental-religiöser Verhaltensweisen als Folge des Imports westlicher Kulturaspekte). Ein möglicher positiver Aspekt der Globalisierung besteht darin, einen Zwang auf autokratisch-diktatorische Regime auszuüben, **demokratische Systeme** einzuführen und **Menschenrechte** zu achten.

Politische Auswirkungen

- Die **Handlungsfähigkeit nationaler politischer Strukturen verliert an Bedeutung** unter dem Druck, sich an den Globalisierungsvorteilen beteiligen zu wollen (Anschluss an Welthandel, Weltmarktöffnung).
- Einzelne **wirtschaftliche Bereiche verselbstständigen sich** und koppeln sich von nationaler politischer Einflussnahme ab; Folge: Bedeutungs- und Vertrauensverlust der politischen Organe.
- Die politische Handlungsfähigkeit der Staatsregierungen reduziert sich möglicherweise „nur" noch auf die **soziale Sicherung**. Diese muss unter Umständen mit weniger Kapital (sinkende Steuereinnahmen infolge wirtschaftlicher Privatisierung) finanziert werden.
- Der soziale Sektor wird womöglich von den politischen Entscheidungsträgern vernachlässigt, wenn der **Anpassungsdruck an die rasanten wirtschaftlichen Veränderungen** der Globalisierung zu Planungsunsicherheit und Planungschaos führt.

Auswirkungen der Globalisierung auf die Umwelt

- Gefahr des generellen Anstiegs der **Umweltbelastung** durch sich ständig erhöhende Waren-, Dienstleistungs- und Verkehrsströme
- Gefahr des **erhöhten, unkontrollierten Ressourcenverbrauchs** infolge schneller, ungeplanter Erschließungsmaßnahmen, aber evtl. auch **verstärkter Ressourcenschutz** durch den Einsatz neuer, umweltschonender Produktionsweisen und Technologien
- Gefahr der **Abwanderung von Produktionseinrichtungen ins Ausland** (z. B. in Entwicklungsländer oder die Transformationsländer Osteuropas) infolge strenger Umweltschutzauflagen

Beispiele für Risiken in den Ländern mit Entwicklungsdefiziten

- generelle Gefahr, dass Entwicklungsländer infolge der **Koppelung der wirtschaftlichen Macht an die Industrieländer** zu geringen Anteil an den Vorteilen einer Globalisierung haben können
- **Strukturanpassungszwang:** Potente Investoren der Industrieländer setzen wirtschaftspolitische Stabilität voraus, die oft nur unter Beisteuerung von Staatsausgaben auf der Seite der Entwicklungsländer erfolgen kann; dies schmälert allerdings Investitionen im sozial-gesellschaftlichen Bereich.

- Buhlen um ausländische Investoren setzt häufig Sozialstandards (z. B. Lohnniveau, Sozialleistungen) der Arbeitskräfte herab
- **Liberalisierung der Kapitalmärkte** ist meist verbunden mit einer hochtechnologischen Produktion; die viele spezialisierte Arbeitskräfte erfordert, welche zudem oft „importiert" werden; oft werden nur wenige nichtqualifizierte Arbeitskräfte eingestellt, sodass die Arbeitslosigkeit in Entwicklungsländern kaum gemindert wird
- Die in den Entwicklungsländern installierten Billigproduktionszweige eines multinationalen Großunternehmens verbleiben weiterhin in dessen vertikaler Verflechtung, sodass der Aufbau einer eigenen Unternehmensstruktur im Land verhindert wird.
- Landwirtschaftliche Produkte aus den Entwicklungsländern werden wegen der Subvention der Agrarprodukte in den Industrieländern oft weit unter den Weltmarktpreisen gehandelt.

CHECKLISTE

8 Welthandel und Globalisierung

- **Grundlagen und Grundfunktionen der Weltwirtschaftsordnung kennen (Welthandel, internationale Arbeitsteilung, komparative Kostenvorteile, Welthandelsströme, Wirtschaftsblöcke, transnationale Unternehmen, GATT, NAFTA u. a.)**
- **Defintionen (wirtschaftliche und differenzierte) von Globalisierung beherrschen**
- **Ursprünge und Auswirkungen von Globalisierung erläutern können**
- **gesellschaftliche und umweltbezogene Aspekte der Globalisierung kennen und mit ihnen umgehen können**
- **Risiken und Chancen der Globalisierung in Staaten unterschiedlichen Entwicklungsstands beschreiben und einschätzen können**

Darüber muss man sich im Klaren sein

Der Begriff Globalisierung wird von Fachleuten heutzutage in einer schwer zu überblickenden Vielfalt von Bedeutungen und Konnotationen verwendet. Niemand verlangt daher von Ihnen eine die letzte Bedeutungsmöglichkeit durchdringende Kenntnis dieses Begriffs„chamäleons".

9 Entwicklungsdefizite

Die Betrachtung der Entwicklungsstände von Staaten, die im Vergleich zu den klassischen Industrieländern Entwicklungsdefizite aufweisen, steht heute im Fokus globaler, wirtschaftspolitischer Überlegungen. Im Vergleich zu früheren Jahrzehnten wird heute allerdings versucht, von der Ganzheitlichkeit des globalen Wirtschaftssystems auszugehen und den integrativen Charakter von Maßnahmen der Entwicklungszusammenarbeit in den Vordergrund zu stellen.

9.1 Zentrale Probleme in Staaten mit Entwicklungsdefiziten

Allgemeine Kennzeichen von Entwicklungsdefiziten

Die Ursachen und Merkmale für das Entwicklungsdefizit eines Landes bestehen in den meisten Fällen aus einem Bündel an Einflussfaktoren. Im Folgenden werden einige Beispiele typischer Defizite dargestellt.

Bereich Wirtschaft

- geringe Zuwachsraten bei BSP und BIP
- niedrige Investititionsvolumina
- hohe Arbeitslosenquote
- fehlende oder schwache Infrastruktur
- hohe Konsumquote (Anteil der Ausgaben für Nahrungsmittel und primär lebensnotwendige Güter und Dienstleistungen)
- schwache technologische Entwicklung, weite Verbreitung der Subsistenzwirtschaft (Selbstversorgerwirtschaft)
- oft geringes Ertragspotenzial der Böden
- hoher Anteil der in der Landwirtschaft Tätigen
- geringe Ausgaben für Düngemittel und Schädlingsbekämpfung
- kaum Weiterverarbeitung von Rohstoffen
- Importabhängigkeit von höherwertigen Produkten
- extensive landwirtschaftliche Bearbeitung
- Anbau von Cash Crops nur für den Export
- oft einseitige Produktionsstruktur

- fehlende Verwaltungs-, Vermarktungs-, Kreditvergabestrukturen
- negative Handelsbilanz
- sich verschlechternde Terms of Trade
- Schattenwirtschaft (informeller Sektor, nicht offiziell gemeldete Arbeitsplätze, Schwarzarbeit, fehlende Steuereinnahmen)
- fehlende Fachkräfte, Mangel an Energieträgern
- nachteilige wirtschaftliche Verflechtungen mit Industrieländern

Bereich Gesundheit, Nahrung und Bildung
- medizinische Unterversorgung (qualitativ und quantitativ)
- Massenkrankheiten und Epidemien (z. B. Malaria, Aids)
- hohe Säuglings- und Kindersterblichkeit
- unterdurchschnittliche Lebenserwartung
- Mangelernährung (z. B. Vitaminmangel) und Unterernährung
- Hungersnöte
- hohe Analphabetenquote
- geringe Einschulungsquote, geringer Schulbesatz (Schulen pro Flächeneinheit)
- Fehlen von Ausbildungs- und Weiterbildungsstätten

Bereiche Gesellschaft, Religion, traditionelle Verhaltensweisen
- Ungleichmäßige Besitzverteilung (wenige Großgrundbesitzer, viele Kleinbauern und Pächter)
- große Einkommensdisparitäten
- Benachteiligung von Frauen aus religiösen/traditionellen Gründen
- niedriger sozialer Status
- fehlende Mittelschicht (stattdessen wirtschaftlich-gesellschaftliche Elite und Masse an verarmter Bevölkerung
- fehlendes soziales Netz (z. B. Kranken- und Altersversorgung)
- geringe soziale Mobilität
- fehlende Aufgeschlossenheit gegenüber Innovationen
- Persistenz (Beibehalten traditioneller Verhaltensweisen)
- rentenkapitalistische Traditionen
- religiös-philosophische Einwirkungen (z. B. das Fortwirken eines zwar mittlerweile verbotenen, dennoch weiterhin bestimmenden Kastensystems im ländlichen Indien)
- ethnische Konflikte

Bereich Bevölkerung

- überdurchschnittlich hohe Geburten- und Sterberaten
- überdurchschnittliches Bevölkerungswachstum
- geringes Heiratsalter
- hohe Fruchtbarkeitsrate (Kinder als Altersversorgung, Arbeitskraft)
- fehlender demografischer Übergang

Bereich Ökologie

- Entwaldung infolge Abholzung zur Energiegewinnung
- unsachgemäßer bodenauslaugender Anbau von Kulturen
- zu hohe Wasserentnahme zur künstlichen Bewässerung
- Bodenversalzungseffekte
- Abholzung tropischer Regenwaldbestände für den Export von Edelhölzern
- Desertifikation durch Überweidung und Bevölkerungsexplosion

Bevölkerungswachstum, Tragfähigkeit, Modell des demografischen Übergangs

Chr. Geburt	1650	1830	1930	1960	1975	1987	1999	2011
ca. 400 Mio.	500 Mio.	1 Mrd.	2 Mrd.	3 Mrd.	4 Mrd.	5 Mrd.	6 Mrd.	7 Mrd.

Die Daten (Entwicklung der Weltbevölkerung) zeigen, dass sich die Zeitspannen, in denen sich die Bevölkerung verdoppelt hat (**Reduplikationsrate**) ständig verkürzt haben. Auffallend hierbei ist die starke Diskrepanz der Entwicklung zwischen Industrie- und Entwicklungsländern. Lebten 1950 68 % der Weltbevölkerung in Entwicklungsländern und 32 % in Industrieländern (damalige Weltbevölkerung 2,5 Mrd.), so waren es im Jahre 2009 bereits 82 % in Entwicklungsländern und 18 % in Industrieländern (bei einer absoluten Weltbevölkerung von 6,8 Mrd.! Die Frage nach der **Tragfähigkeit** (der auf dem Planeten Erde noch vertretbaren Bevölkerungszahl) und der zukünftigen Entwicklung der Weltbevölkerung kann ohne die Berücksichtigung der sogenannten Dritten Welt also nicht beantwortet werden.

Ansätze zur Beachtung der Weltbevölkerungsproblematik

- **Thomas R. Malthus (1798, The Principle of Population):** Malthus geht von einem exponentiellen Wachstum der Erdbevölkerung aus, befürchtet gleichzeitig aber ein nur lineares Ansteigen der Nahrungsmittelproduktion.

- **Club of Rome (1972):** Eine Gruppe von Wissenschaftlern weist darauf hin, dass die vorhandenen Ressourcen auf Dauer nicht eine ständig steigende Weltbevölkerung versorgen können.
- **Ende der 80er-Jahre des 20. Jahrhunderts:** Beginn der **globalklimatischen Betrachtungsweise**; die schweren Eingriffe in das Gesamtökosystem (z. B. Rodung tropischer Regenwälder, zu hoher CO_2-Ausstoß) führen zu globalklimatischen Veränderungen, die nur durch eine Steuerung des Bevölkerungswachstums in der Dritten Welt verhindert werden können.

Soziokulturelle Ursachen des Bevölkerungswachstums, z. B.

- Rolle der Kasten- und Religionszugehörigkeit
- Kinder als Gunstbeweis von Gottheiten in afrikanischen Ländern
- Kinder als Katalysator sozialen Ansehens
- Verehrung von Ahnen und Achtung der Traditionen

Sozioökonomische Ursachen des Bevölkerungswachstums, z. B.

- Kinder als Wirtschaftsfaktor: Arbeitskräfte, Möglichkeit von Zusatzeinkommen für die Familien durch Kinderarbeit, Kinder als Garanten für die Sicherung eines Existenzminimums (z. B. Betteln)
- Kinder als Altersversorgung infolge Fehlens eines sozialen Netzes, eines Banken- und Kreditwesens
- Kinder als Krankenversorgung
- Kinder als wirtschaftlicher Sicherungsfaktor in Staaten mit geringer politischer Stabilität

Folgen eines zu starken Bevölkerungswachstums

- Beeinträchtigung der Gesundheit der Mütter bei hoher Fruchtbarkeitsrate
- Beeinträchtigung der Gesundheit der Kinder: bei hoher Kinderzahl sinkt der Grad der elterlichen Fürsorge; Gefährdung durch Armut, Unter- und Mangelernährung
- sinkende Ausbildungschancen bei steigender Kinderzahl (fehlende Finanzmittel)
- Verminderung der landwirtschaftlichen Nutzfläche pro Kopf
- Landflucht, Städtewachstum, Verelendung und Slumbildung, Überangebot an Arbeitskräften, Absinken des Lohnniveaus
- Überbeanspruchung der landwirtschaftlichen Flächen, Bodenauslaugung, sinkende Flächenerträge und Erosionsschäden
- Verlagerung der landwirtschaftlichen Tätigkeit in Risikogebiete, Steigen der Gefahr von Ernteausfällen

- Abholzung von Wäldern zur Brennholzgewinnung, verheerende Erosionsschäden
- Verlust der Kontrolle über die Nahrungsmittelproduktion, Hungersnöte besonders in klimatischen Risikogebieten

Das Modell des demografischen Übergangs

Bevölkerungsweise: die Handlungsweisen, die eine Bevölkerung in einem Zeitabschnitt zeigt. Das **Modell des demografischen Übergangs** (auf das klassische Industrieland England bezogen) zeigt in idealtypischer (daher theoretischer) Weise die Aufeinanderfolge von Bevölkerungsweisen von der vorindustriellen bis zur postindustriellen Gesellschaft.

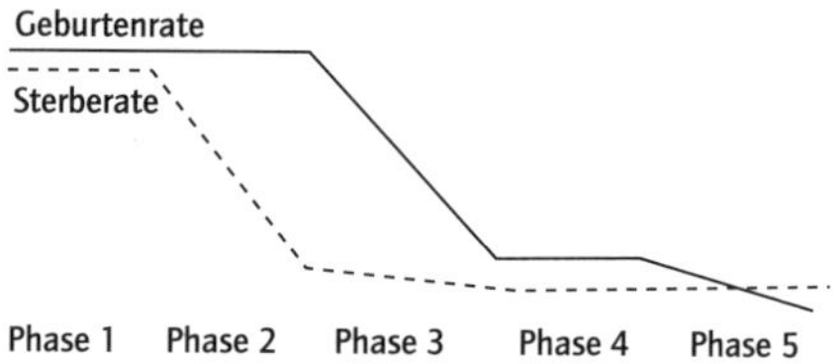

Aufeinanderfolge von Bevölkerungsweisen von der vor- bis zur postindustriellen Gesellschaft

- **Phase 1 (vorindustriell):** hohe Geburtenrate als Reaktion auf hohe Sterberate infolge Mangels der Befriedigung von Grundbedürfnissen in einer Agrargesellschaft
- **Phase 2 (frühindustriell):** gleichbleibende Geburtenrate, schnell sinkende Sterberate infolge Verbesserung der Ernährungsbasis, besserer Hygiene und medizinischen Fortschritts; kein Absinken der Geburtenrate infolge Verharrungsverhalten traditioneller Bevölkerungsweise und noch vorhandener sozialer Unsicherheit
- **Phase 3 (Übergang):** geringe Abnahme der Sterberate (Annäherung an biologischen Grenzwert), generatives Verhalten reagiert auf die besseren Lebensbedingungen durch sinkende Geburtenrate
- **Phase 4 (fortgeschritten industriell):** neues Gleichgewicht, niedriger Bevölkerungszuwachs durch niedrige Geburten- und Sterberaten
- **Phase 5 (postindustriell):** Schrumpfung der Bevölkerung durch geringere Geburtenrate infolge neuer Lebensweisen (städtisches Leben, Single-Haushalte, Kinderarmut da Kostenfaktor usw.), Generationsproblem (immer weniger Jüngere müssen immer mehr Ältere versorgen)

Das Modell ließe sich theoretisch auch auf die Bevölkerungsentwicklung unterentwickelter Länder übertragen. Logischerweise wäre dann eine eher optimistische Sichtweise in Richtung einer Verminderung der Bevölkerungszuwachsraten zu erwarten.

Gründe, die gegen eine solche Übertragung auf die unterentwickelten Länder sprechen:

- **hohe absolute Bevölkerungszahl** der unterentwickelten Länder in der Ausgangslage, daher erzeugt auch eine geringe Bevölkerungswachstumsrate enorme absolute Bevölkerungszuwächse
- gegenüber der ersten Phase in Europa heute noch teilweise **viel höhere Geburtenraten**
- schnell **sinkende Sterberaten** infolge medizinischer Hilfsprogramme aus den Industrieländern, dadurch viel weiteres Auseinanderklaffen von Geburten- und Sterberaten
- im Vergleich zu Europa **kaum Auswanderungsmöglichkeiten**
- wenn überhaupt **sehr späte industrielle Entwicklung** zu einem Zeitpunkt, an dem die westlichen Industrieländer bereits hochentwickelt sind und viele Entwicklungsländer in wirtschaftlicher Abhängigkeit zu diesen stehen
- im Vergleich zu Europa wesentlich niedrigeres Heiratsalter

Ernährungsproblematik

Entwicklung in den vergangenen drei Jahrzehnten

- überdurchschnittliche Steigerung der Nahrungsmittelproduktion weltweit
- dennoch hungern heute fast eine Milliarde Menschen, vorwiegend in den unterentwickelten Ländern Afrikas
- jährlich etwa 40 Millionen Tote, davon ein Drittel Kinder, infolge Unter- und Mangelernährung

Problem:

- nicht nur **quantitative Mängel**, sondern auch die **regionale Verteilung** der Nahrungsmittel ist oft infolge **fehlender Infrastruktur** problematisch
- hinzu kommen quantitative Mängel als Folge von Anbau in Risikogebieten und Dürrekatastrophen, fehlende Kaufkraft

Veränderungen in der Subsistenzwirtschaft
Früher: autarke Selbstversorgung der Großfamilien, daher kaum eigene Kaufkraft nötig
Heute: überdurchschnittliche Bevölkerungsentwicklung mit Überbeanspruchung der landwirtschaftlichen Flächen bei gleichzeitiger Umorientierung auf marktorientierten Anbau (Cash Crops, Plantagenwirtschaft); außerdem Investitionen vieler Entwicklungsländer in den industriellen Sektor und in Prestigeprojekte (Staudämme, Straßenbauten) zu Lasten der landwirtschaftlichen Produktion
Prognosen: In 30 Jahren werden ca. 75 % mehr Nahrungsmittel weltweit benötigt als heute! Gebiete wie Ostasien, der Nahe Osten, die Karibik, Lateinamerika und China werden dabei ausreichend versorgt sein (Grenzwert: **3000 Kilokalorien pro Tag**), Problembereich Nummer 1 wird Afrika südlich der Sahara sein (vermutlich Anwachsen der Hungernden von derzeit 175 Mio. auf 300 Mio.).

Ernährungsansprüche: Ernährungsanspruch bedeutet die Mindestenergiezufuhr aus Fetten und Kohlehydraten, zusätzlich Proteine, Vitamine, Spurenelemente und Mineralen, z. B. werden pro Tag bei mittlerer körperlicher Beanspruchung zwischen 1600 und 2000 kcal, bei größerer Beanspruchung 2500 bis 3100 kcal benötigt. Die durchschnittliche Energiezufuhr in Industrieländern beträgt 3500 kcal/Tag, in Entwicklungsländern nur 2000 bis 2500 kcal/Tag. Die Folgen:

- **Unterernährung** (Auszehrung und Gewichtsabnahme, Schwächung der körperlichen Leistungsfähigkeit, Schwächung des Immunsystems, Erkrankung, Apathie, eventuell Hungertod) und
- **Mangelernährung** (z. B. Skorbut infolge Vitamin-C-Mangels, Blindheit durch Vitamin-A-Mangel, Schilddrüsenerkrankungen infolge Jodmangel)

Konfliktfeld Wasser

Ausgangslage: Die meisten Industrieländer liegen in niederschlagsreichen Zonen, viele der unterentwickelten Länder in den niederschlagsarmen und dürregefährdeten subtropischen und wechselfeucht-tropischen Zonen. Vier Fünftel der globalen landwirtschaftlichen Fläche erhalten genügend Niederschlagswasser, ein Fünftel (in semiariden und ariden Gebieten, Tendenz steigend zur Sicherung der Nahrungsmittelproduktion) benötigt Wasser zur künstlichen Bewässerung. Dieses Wasser für die künstliche Bewässerung macht jedoch zwei Drittel des weltweiten Wasserbedarfs aus!

Fakten zur Ressource Süßwasser

- Nur knapp ein Fünftel der Weltbevölkerung (vorwiegend westlich industrialisierte Länder) ist an Wasser- und Abwasserleitungen angeschlossen.
- Über zwei Milliarden Menschen verfügen über keinen Zugang zu sauberem Trinkwasser.
- Über 1 Milliarde Menschen verfügen über weniger als 20 Liter Süßwasser pro Person und Tag (inbegriffen sind alle Verwendungen, so z. B. Trinkwasser, Waschen und Reinigung, etc.), eine weitere halbe Milliarde verfügt über weniger als drei Liter Wasser pro Person und Tag! Zum Vergleich: der tägliche Wasserverbrauch einer europäischen Familie beträgt 150 Liter, der einer indischen 25 Liter!
- Ein Großteil aller Krankheiten in unterentwickelten Ländern lässt sich auf unreines Wasser zurückführen. An diesen Krankheiten sterben heute rund drei bis vier Millionen Kinder jährlich.
- Über die Hälfte der Menschheit lebt in Flusseinzugsgebieten, die grenzüberschreitend genutzt werden (Nutzungskonflikte).
- Veraltete, traditionelle Wasserrechte führen zu immer häufigeren klein- bis großräumigen regionalen, nationalen und internationalen Konflikten.
- Fast alle Abwässer in den Metropolen unterentwickelter Länder werden immer noch ungeklärt den Oberflächengewässern zugeführt oder versickern im Boden.
- Durch falsche oder nicht angepasste Bewässerung gehen in den Entwicklungsländern (ohne Berücksichtigung der Verdunstung!) schätzungsweise drei Fünftel des Bewässerungswassers verloren. Gleichzeitig benötigt die Produktion von 40 % der weltweit hergestellten Nahrungsmittel heute künstliche Bewässerung!
- Für die Beschaffung von Wasser wendet eine Familie in einem weniger entwickelten Land mittlerweile bis zu 20 % des Familieneinkommens auf.
- In den Entwicklungsländern werden die Oberflächengewässer zunehmend durch ungeklärte Abwasser, Exkremente, Salze, Düngemittel u. a. verschmutzt.

Räumliche Disparitäten, Migration, Verstädterung

Die meisten Länder mit Entwicklungsdefiziten sind durch **starke räumliche (oder regionale) Disparitäten** zwischen **Stadt und Land**, zwischen den **Gebieten mit Rohstofflagerstätten** und denen ohne solche, zwischen **Küstenbereich und Hinterland** gekennzeichnet.

Diese Disparitäten sind oft zurückzuführen auf z. B.:

- die **ungleiche Verteilung der Ressourcen** (z. B. Rohstofflagerstätten, Energieangebot Wasserkraft)
- die **ungleiche räumliche Verteilung der Infrastruktur**
- ein **koloniales Erbe**: während einer früheren Kolonialphase waren meist nur die Küstenbereiche (**Küstenorientierung**) und die zu den Rohstofflagerstätten/Anbaugebieten führenden Verkehrslinien ausgebaut

Die **Küstenorientierung** wurde außerdem gefördert durch die Entwicklung der **Küstenstädte**, welche als Handels-, Rohstoffsammel- und Absatzzentren in direktem wirtschaftlichen Kontakt mit den jeweiligen Kolonialmächten waren.

Der **Verstädterungsgrad** und der **Anteil der Stadtbevölkerung** an der Gesamtbevölkerung haben in den unterentwickelten Ländern seit der Mitte des 20. Jahrhunderts beängstigend zugenommen.

Metropolisierung: ein weiterer typischer Prozess, unter dem das starke bevölkerungsmäßige Anwachsen der Hauptstädte (oft zugleich Küstenstädte) verstanden wird; die Metropolen sind die Räume, in denen besonders die Hoffnung auf bessere Lebensbedingungen Bevölkerung aus den ländlichen Gebieten anlockt.

Die hiermit verbundene **Landflucht** (Migration in die Stadt) gründet sich beispielsweise auf Faktoren, die Menschen aus den ländlichen Gebieten in die städtischen ziehen lässt (= **Push-Faktoren**), wie etwa Ertragserschöpfung auf landwirtschaftlichen Flächen infolge Bodenauslaugung und Erosion, geringe Aussicht auf Aus- und Weiterbildung, Arbeitslosigkeit, Überbevölkerung, überkommene traditionelle Zwänge (z. B. Dorfhierarchien, Kastensystem, ungleiche Besitzverhältnisse, infrastrukturelle Vernachlässigung seit der Kolonialzeit).

Darüber hinaus verfügen die städtischen Räume über (meist subjektive) **Pull-Faktoren**, mit denen große Erwartungen hinsichtlich eines besseren Lebens verbunden werden, so z.B. die Hoffnung auf höhere Arbeitsentgelte, die Erwartung in der Schattenwirtschaft tätig sein zu können, bessere gesundheitliche Bedingungen und bessere medizinische Versorgung, soziale Aufstiegschancen und anderes.

Marginalsiedlungen

Die starke Land-Stadt-Wanderung resultiert häufig in der Entstehung von **Marginalsiedlungen**. Der Begriff „marginal" kann hierbei sowohl räumliche als auch soziale Bedeutung haben (im Sinne von „am Rand der Gesellschaft"). Es handelt sich um großstädtische Wohngebiete mit schlechter bis schlechtester Wohn-, Bau- und Infrastruktursubstanz, welche von gesellschaftlich, wirtschaftlich, ethnisch oder religiös tiefstehenden Gesellschaftsschichten bewohnt werden.
Bezeichnungen: *barriades* (Peru), *favelas* (Brasilien), *ciudades perditas* (Mexiko), *bustees* (Indien), *bidonvilles* (Afrika).

Als **Squatter-Siedlungen** bezeichnet man jene Marginalsiedlungen, in denen ohne Legitimation gesiedelt wird. Das Entstehen von Marginalsiedlungen ist meist mit einem **unkontrollierten Städtewachstum** (wuchernder Charakter) und **sozialem Konfliktpotenzial** (hohe Kriminalitätsrate, Kinderprostitution, Bandenwesen) verbunden. Vergessen werden darf allerdings nicht, dass die Marginalsiedlungen für zahlreiche Menschen ebenso ein „soziales Sprungbrett" darstellen können (Zwischenstation, um nach einigen Jahren sozial höher zu steigen). **Slums** sind heruntergekommene einstige Wohnviertel (meist innerstädtisch).
Typische **sozio-ökonomische Kennzeichen** der Marginalsiedlungen:

- provisorischer Wohnraum (Hütten, Wellblechbehausungen)
- Fehlen eines gesicherten und regelmäßigen Einkommens
- fehlende Zusammenarbeit/Nachbarschaftshilfe, stattdessen wirtschaftlicher Überlebenskampf
- starker informeller Sektor (Schattenwirtschaft)
- Kinderarbeit und Kinderprostitution
- fehlende oder minderwertige Versorgung mit Wasser und Energie
- Dominanz junger Familien, nicht ausgebildete Arbeitskräfte
- Massenarbeitslosigkeit

Zunehmend beachtet werden müssen darüber hinaus die **erzwungenen Migrationen**. Diese sind z. B. zurückzuführen auf:

- die **Auflösung der Kolonialreiche Europas** nach dem Zweiten Weltkrieg (in der Folge: Territorrialstreitigkeiten, Verteilungskämpfe und Bürgerkriege)
- **ethnische** (Beispiel Nigeria), **religiös motivierte und kulturelle Konflikte**
- **Auseinandersetzungen um Ressourcen** (z. B. Wasser, landwirtschaftliche Flächen)

Rolle der Frau

Die Menschenwürde der Frau wird in vielen Entwicklungsländern heute noch mit Füßen getreten. Beispiele hierfür sind Zwang zur Prostitution, illegaler Frauenhandel, Tötung weiblicher Säuglinge und Beschneidung. **Häufige Indikatoren** des gesellschaftlich unterbewerteten Status der Frau sind:

- fehlender Zugang zu sozialen Einrichtungen der Aus- und Weiterbildung und der medizinischen Versorgung
- oft fehlende Möglichkeit, Eigentum zu erwerben
- oft fehlende rechtliche Gleichstellung mit dem Mann
- Abgedrängtwerden in landwirtschaftliche Tätigkeiten der Subsistenzwirtschaft mit geringer oder fehlender Entlohnung, kaum Aufstiegschancen
- fehlende technische Neuerungen, dadurch keine Arbeitserleichterungen
- Arbeit häufig im informellen Sektor, als Billiglohn-Arbeiterinnen oder als Hausangestellte u. a.

Energiemangel

Das Energiemangelproblem vieler unterentwickelter Länder besteht zum einen darin, dass im Lande selbst oft keine Energieträger vorzufinden sind, zum anderen darin, dass infolge der fehlenden Wirtschaftskraft kaum Energieträger importiert werden können. Zurzeit ist etwa die Hälfte der Weltbevölkerung auf die Nutzung traditioneller Energieträger, vorwiegend Holz, angewiesen. Die ökologischen Folgen einer Holzentnahme durch Rodung von Wäldern und Schlagen von Büschen und Sträuchern nimmt aber gerade in den labileren Ökosystemen der Tropen und Subtropen mittlerweile katastrophale Ausmaße an. Die Prognose hierfür muss noch drastischer ausfallen angesichts steigender Bevölkerungszahlen und dem Streben nach Industrialisierung.

Rentenkapitalismus, Haziendasystem und Plantagenwirtschaft

Unter **Rentenkapitalismus** versteht man ein weitgehend im **orientalischen Raum** verbreitetes, oftmals als entwicklungshemmend bezeichnetes Sozialsystem. Es tritt in Form von **landwirtschaftlichen Organisationsformen** und von **handwerklichen Betrieben** auf.

Rentenkapitalismus

- Eigentümer (Großgrundbesitzer oder Besitzer des Handwerksbetriebes) verfügt und bestimmt über die wesentlichen Produktionsfaktoren (z. B. Wasser, Land, Saatgut, Düngemittel, Bearbeitungsgeräte, Werkzeug, mechanische Webstühle, Rohstoffe)
- Produktionsfaktoren werden verpachtet; die erzielten Erträge und Gewinne (Renten) werden nicht mehr in den Betrieb reinvestiert
- in der Landwirtschaft: Verpachtung und Unterverpachtung führt zur Kleinparzellierung; auf den Miniflächen ist der Einsatz von mechanischen Hilfsmitteln nicht möglich und nicht rentabel
- Pachtverträge führen zu starker Abhängigkeit der Pächter vom Großgrundbesitzer/Eigentümer des Handwerksbetriebes
- Großteil des von den Pächtern und Unterpächtern erzielten Ertrages muss für den Kauf von z. B. Saatgut/Rohstoffen und die Miete für Geräte an den Großgrundbesitzer abgeführt werden
- bei Missernten oder geringer handwerklicher Produktion tragen die Pächter das alleinige Risiko
- um nach Missernten weiterhin arbeitsfähig zu bleiben, erhalten die Pächter vom Großgrundbesitzer Kredite, deren Schuldendienst sie immer weiter in die Abhängigkeit drängt
- infolge fehlender moderner Bearbeitungs- und Fertigungsweisen wird häufig Raubbau an den Ressourcen (z. B. Boden) betrieben

Das **Haziendasystem** (besonders in Lateinamerika vorfindbar) stellt ein geschlossenes **Agrarsozialsystem** dar. Es besteht aus einer streng hierarchisch geordneten Gemeinschaft von Landeigentümer, Verwalter, Fachkräften, Lohnarbeitern und Pächtern. Bewirtschaftet werden riesige Latifundienflächen (Großgrund) für den Getreideanbau und die Viehhaltung. Geringer Kapitaleinsatz, eine hohe Arbeitsintensität ohne den Einsatz mechanischer Hilfen und Geräte und damit eine geringe Produktivität sind weitere Kennzeichen. Um selbstversorgerisch auf den kostenlos überlassenen Kleinflächen (Minifundien) arbeiten zu können, verpflichten sich die Lohnarbeiter längerfristig bei niedrigsten Löhnen auf den Haziendas zu arbeiten.

Plantagenwirtschaft: Im Vergleich zu den Haziendas handelt es sich hier um **höher technisierte, hoch spezialisierte, marktorientierte und kapitalintensive Großbetriebe der pflanzlichen Produktion für den Welt- und Binnenmarkt mit meist eigener Vermarktung**. Die Plantagenwirtschaft ist darüber hinaus gekennzeichnet durch einen hohen Arbeitskräftebesatz (Eigentümer, Verwalter, Arbeiter und Hilfskräfte) und eine meist ausreichende Infrastruktur (Wegenetz, Wohnbebauung etc.). Typische Plantagenprodukte sind Tee, Banane, Kaffee, Kakao, Zuckerrohr, Kokospalme und Sisal.
Teils entwicklungshemmende Merkmale der Plantagenwirtschaft:

- monokultureller Charakter mit Gefahr der Bodenauslaugung und Erosionsschäden bei unsachgemäßer Bearbeitung
- oft Vorherrschen von Billiglohnarbeitskräften und fehlende soziale Mobilität
- starke Markt- und Exportausrichtung (Cash Crops), dadurch häufig Verdrängen des Anbaus von Kulturen für die Eigenversorgung der ansässigen Bevölkerung auf schlechtere Böden

Tribalismus

Tribalismus meint das an traditionellen Stammesdenken geknüpfte Verhalten einheimischer Bevölkerungsgruppen eines Raumes.

Politisch problematisch wurde der Tribalismus während und nach der Kolonialzeit. In der Kolonialphase wurden häufig zusammenhängende Stammesgebiete durch die willkürliche Grenzziehung der Kolonialherren zerteilt, ethnisch zusammengehörende Stammesgebiete zerstückelt. Nach der Unabhängigkeit vieler Kolonialgebiete entstanden einheitliche Staatsgebiete, meist in den Grenzen der ehemaligen Kolonien. Diese neuen Staaten verlangten oft eine gemeinsame nationale Identität, der von den zersplitterten Stammesanteilen meist nicht nachgekommen werden konnte. Die neuen Staaten wurden häufig von Minderheitenregierungen geleitet. Ethnischen Konflikten wurde so der Nährboden geschaffen (Beispiel: Minderheit der Tutsi und bäuerliche Schicht der Hutu in Ruanda).

Negative Einflüsse religiös-philosophischer Strukturen

Beispiele für den Einfluss religiös-philosophischer Strukturen finden sich im **indischen Kastenwesen** (offiziell abgeschafft, im ländlichen Raum allerdings noch fortwährend). Das Kastenwesen strukturiert die Gesellschaft in hierarchisch gegliederte Gesellschaftsgruppen, zwischen denen keine oder kaum soziale Mobilität möglich ist. In **islamischen Gesellschaften** hat beispielsweise das streng geregelte Erbrecht zu Kleinbauerntum infolge Besitzzersplitterung geführt. Zunehmend besorgniserregend sind **religiöser Fanatismus und Extremismus**.

Beeinträchtigungen durch andere Kulturkreise

Die Beeinflussung von unterentwickelten Staaten durch höher entwickelte Länder beeinträchtigt in vielfältiger Weise die kulturelle Nationalität und führt oftmals zu **Überfremdungserscheinungen und zum Verlust traditioneller Werte** und resultiert so oft in sozialen und kulturellen Konflikten.

Beispiel Tourismus: Er hat in vielen unterentwickelten Ländern zu einer initialen wirtschaftlichen Entwicklung geführt. Zu beachten sind dabei aber folgende Effekte:

- Ein Großteil der investierten Reisekosten (z. B. für den Flug) verbleibt im Buchungsland (meist ein Industrieland).
- Viele der Hotelketten in Entwicklungsländern gehören westlichen Investoren, somit fließen die Renditen meist zum großen Teil auch in die Industrieländer.
- Die durch den Tourismus geschaffenen Arbeitsplätze sind meist schlecht bezahlt, viele der Arbeitskräfte werden nur angelernt und als Hilfskräfte eingestellt.
- Das Aus- und Weiterbildungsniveau für die einheimischen Arbeitskräfte hat sich durch den Tourismus deshalb kaum verbessert.
- Ein Großteil der für die Touristen gelieferten Konsumgüter stammt meist aus Importen aus den Industrieländern.
- Die infrastrukturellen Einrichtungen müssen jedoch meist von den Urlaubsländern vorgeleistet werden.
- Die westlichen Lebensgewohnheiten führen im Urlaubsland oft zu Verfremdungs- und Überfremdungserscheinungen.
- Ein zunehmend ernst zu nehmendes Problem stellt der Sex-Tourismus (z. B. in Thailand) dar (Kinderprostitution, Aids).

- Tourismus führt häufig zur Verstärkung räumlicher Disparitäten (z. B. durch Entwicklung der Küstensäume bei gleichzeitiger Vernachlässigung des Hinterlandes).
- Immobilienspekulationen führen zur Verstärkung von sozialen Disparitäten.

Auslandsverschuldung, Ressourcenverbrauch und negative Welthandelsverflechtungen

Die **Ursachen für die hohe Auslandsverschuldung** vieler weniger entwickelter Länder können in folgenden Bereichen gefunden werden:

- **Ölembargo der OPEC-Länder** in den 70er-Jahren des 20. Jahrhunderts; hohe Exporterlöse werden teilweise zu günstigen, aber variablen Zinsen als Kredite an Entwicklungsländer vergeben, allerdings ohne genaue Überprüfung der damit finanzierten Projekte; dadurch Aufnahme hoher Kredite durch viele Entwicklungsländer; nach den Ölkrisen jedoch große Defizite für die OPEC-Länder; zusätzlich hohe Rüstungsausgaben lassen das Zinsniveau erheblich ansteigen, die Schuldenkrise beginnt
- **Kapitalmangel für Industrialisierung:** um einen gewissen Industrialisierungsgrad zu erreichen, nehmen viele unterentwickelte Länder enorme Kreditsummen auf
- **Misswirtschaft** in den Entwicklungsländern infolge fehlenden Know-Hows oder Schwerpunktlegung auf wenig effektive Prestigeprojekte (z. B. Staudammbau): unproduktiver Kreditkapital-Einsatz
- **Kapitalflucht ins Ausland:** erwirtschaftete Gewinne werden oft an ausländische Investoren abgeführt; zudem Zunahme ausländischer Beteiligungen von Firmen, die ihren Stammsitz nicht in den unterentwickelten Ländern haben
- **steigende Energiestoffabhängigkeit und Energiestoffkosten**
- **Verteuerung der Importe bei sinkenden Exporterlösen:** z. B. werden Rohstoffpreise durch den Weltmarkt unter Beteiligung der Industrieländer bestimmt; Rohstoffpreise schwanken erheblich und sind in den letzten Jahrzehnten teilweise stagniert bzw. gesunken; daraus ergeben sich sich verschlechternde terms of trade (teure Importe von Rohstoffen und Halbfertig- und Fertigprodukten, sinkende Erträge z. B. aus dem Export von Agrargütern und mineralischen und metallischen Rohstoffen)

- **weiterhin geringe Wirtschaftskraft** der unterentwickelten Länder gegenüber den Industrieländern und innerhalb der Gruppe der Entwicklungsländer

Der Verschuldungsgrad einiger unterentwickelter Länder (bes. auch in Lateinamerika) hat die dortigen Volkswirtschaften mittlerweile an den Rand des **Staatsbankrotts** gebracht und immens **hohe Inflationsraten** hervorgerufen. Schuldendienste (Zins- und Tilgungsraten) können nicht mehr zurückgezahlt werden. Oft kommt es zur Aufnahme neuer Kredite um den angewachsenen Zinsberg abzutragen.

Der **Ressourcenverbrauch** in den unterentwickelten Ländern resultiert in ökologischen und ökonomischen Fehlentwicklungen. Das Paradebeispiel für die **ökologische Komponente** ist der **Raubbau** und die **Zerstörung der Waldbestände**. Betroffen sind hierbei die innertropischen Regen- und Bergwälder und die Wälder der wechselfeuchten Tropen.

Ökologische Folgen, z. B.
- erhöhte Abtragungsraten in hangigem Gelände infolge erhöhten Oberflächenabflusses; dadurch Muren und Bodenausschwemmung
- vermehrt Überschwemmungsgefahr in den Tallagen
- vermehrte Abgabe von Kohlenstoffdioxid durch Brandrodung, gleichzeitig aber Verminderung der Kohlenstoffbindung durch fehlende Wälder und verminderte Sauerstofferzeugung (globale Auswirkung, Erhöhung des → Treibhauseffekts!)
- Veränderung des Lokalklimas, z. B. erhöhte Evapotranspiration, veränderte Strahlungsbilanz, Erhöhung der Windgeschwindigkeit mit Deflationsfolgen)
- Verminderung des Artenreichtums tropischer Wälder durch Entstehung von Sekundärwäldern nach der Brandrodung
- Rückgang der Bodenfruchtbarkeit auf ohnehin bereits labilen Bodensystemen
- verstärkte Wasserknappheit infolge größerer Verdunstungsraten im Savannenbereich

Ökonomische Folgeerscheinungen, z. B.
- steigende Kosten für Wassererschließung und Wasserreinhaltung
- sinkender Wasservorrat für die Landwirtschaft
- sinkende Flächenerträge durch Erosionsschäden (Bodenausblasung, Deflation)

- steigende Kosten für Schutzbauten, z. B. gegen die Überschwemmungsgefahr
- „Verschleudern" von wertvollen Rohstoffen mineralischer, landwirtschaftlicher und metallischer Art zu Niedrigpreisen, dadurch sinkende Einnahmen bei steigenden Importausgaben

Negative Welthandelsverflechtungen: Sowohl **wirtschaftliche Abhängigkeiten** wie auch die bestehenden **Welthandelsverflechtungen** wirken sich in zunehmender Weise negativ auf die wirtschaftliche Lage der weniger entwickelten Länder aus. Im Jahre 2002 betrug der **Anteil der Entwicklungsländer am Welthandel** unter 10 %. Außerdem ist ein nur **minimal ausgeprägter Handel der Entwicklungsländer untereinander** zu verzeichnen (Rohstoffe und Halbfertigwaren sind innerhalb der Gruppe wenig begehrt).

Zwischen Mitte des 20. Jahrhunderts bis zur Jahrtausendwende hat sich das **Welthandelsvolumen etwa verfünfzigfacht**. An dieser Entwicklung haben die unterentwickelten Länder keinen oder kaum Anteil! Die Aufwendungen für den Import von verarbeiteten, höherwertigen Produkten haben sich für die Entwicklungsländer gleichzeitig aber vervielfacht, dies jedoch bei stark schwankenden und teilweise sinkenden Rohstoffpreisen. In der folgenden Übersicht wird die Entwicklung der *terms of trade* deutlich:

Industrieerzeugnis aus Industrieland	Rohstoffe aus Entwicklungsland
1 Taschenrechner, entspricht	8 Sack Kaffee (16 Kilogramm)
Herstellung in 3 Arbeitsstunden	Herstellung in 25 Arbeitsstunden
hohe Ausstattungskosten für 1 Arbeitsplatz	niedrige Ausstattungskosten für die Arbeitsplätze, hoher Arbeitsanteil
Arbeitsteilige Produktion in mehreren Stufen	Vollproduktion in wenigen Arbeitsstufen
hoher Qualifikationsgrad der Arbeitskraft, entsprechende Entlohnung	niedriger Qualifikationsgrad der Arbeitskräfte: viele Menschen arbeiten, aber zu niedrigen Löhnen
hohe Produktivität	niedrige Produktivität, teilweise hohe Arbeitslosigkeit
höhere Exporterlöse	hohe Importaufwendungen, geringe Exporterlöse

Armut

In früheren Veröffentlichungen über Unterentwicklung ist immer wieder die Rede vom **Teufelskreis der Armut** (Vicious Circle). Auch wenn dieser Begriff heute weitgehend aus der Literatur verschwunden ist, bleibt festzuhalten, dass die Armut der unterentwickelten Länder heute nach wie vor **Ursache und Folge** einer jahrzehntelangen Fehlentwicklung war und ist. Das Wohlergehen einer Volkswirtschaft und derer Einwohner hängt in erster Linie von den wirtschaftlichen Einkünften ab. Wirtschaftliche Einkünfte bedingen jedoch das Vorhandensein von Arbeitsplätzen, Bildungs- und Ausbildungsmöglichkeiten und vielem anderen mehr. Das Vorhandensein der letztgenannten Parameter ist wiederum notwendig zum Aufbau eines sozialen Netzes und damit zur Stabilisierung der gesellschaftlichen und wirtschaftlichen Verhältnisse.

MERKE ▪ Pro-Kopf-BSP

Im Jahre 2007 erzielten 44 Länder auf der Erde ein Pro-Kopf-BSP von unter 500 US-Dollar (davon ungefähr 70 Prozent in Afrika).
Zu den ärmsten Ländern mit einem Pro-Kopf-BSP von lediglich bis zu 150 US-Dollar gehörten im gleichen Jahr Äthiopien, Burundi, Eritrea, Kongo, Liberia, Malawi und Sierra Leone.
Dem gegenüber stehen Spitzenwerte von 71 000 US-Dollar (Luxembourg), 49 000 US-Dollar (Vereinigte Arab. Emirate), 46 000 US-Dollar (Norwegen) und 43 000 US-Dollar (USA)!

9.2 Theorien zu Ursachen der Unterentwicklung

Diese Theorien versuchen das bestehende Entwicklungsdefizit auf bestimmte Faktorengruppen zurückzuführen. Kritisiert werden muss allerdings, dass diese Theorien Unterentwicklung häufig verallgemeinernd durch ein bestimmtes Faktorenbündel erklären wollen, ohne die spezifischen, unterschiedlichen Ausgangslagen der Länder zu berücksichtigen.

Geodeterministischer Ansatz

Unterentwicklung wird hier als **Folge der Einwirkung ungünstiger Naturfaktoren** bzw. einer ungünstigen Naturausstattung betrachtet (z. B. klimatische Einflüsse wie Niederschlagsarmut, hohe Niederschlagsvariabilität, hohe Verdunstung, außerdem Fehlen von Ressourcen, nachteilige Bodenbeschaffenheit, Vorhandensein empfindlicher Ökosysteme u. a.).

Modernisierungstheorie

Sie behauptet, die Entwicklungsdefizite seien durch die unterentwickelten Länder selbst verursacht worden, hätten also **endogenen Charakter**. Als Beispiele werden angeführt:

- überkommene traditionelle Verhaltensweisen, ob gesellschaftlicher oder wirtschaftlicher Art (z. B. Kastenwesen, Einflüsse von religiös-philosophischen Merkmalen, Rentenkapitalismus, Persistenzverhalten usw.)
- fehlende Innovationsbereitschaft

Der **Modernisierungsansatz** (gleichzeitig eine Strategie zur Entwicklung) fordert eine durch Modernisierung, Industrialisierung und Wirtschaftswachstum nach westlichem Muster gesteuerte Entwicklung. Dabei zählt man auf die **Förderung und das Wachstum einer staatlichen Verwaltung und industrialisierten Wirtschaft** besonders in den Städten durch Kapital- und Technologietransfer und hofft auf **trickle-down-Effekte** (Ausbreitung dieser Impulse auch auf die ländlichen Räume).

Der Modernisierungsansatz erfährt folgende **Kritikpunkte**:

- zwar anfänglich hohe Wachstumsraten der Wirtschaft, allerdings im weiteren Verlauf Abflauen infolge des geringen anfänglichen Ausgangsniveaus
- häufig nur Wachstumsraten in der Wirtschaft ohne Auswirkung auf das Sozialsystem der Bevölkerung
- wirtschaftliche Wachstumsraten oft nur infolge des massenhaften Exports von vorhandenen Rohstoffen zu billigen Weltmarktpreisen (Ausverkauf!)
- oft Ansteigen der Schuldenlast infolge kostenintensiver Modernisierungsprojekte
- Industrialisierung häufig auf Kosten der landwirtschaftlichen Entwicklung
- trotz steigender Wirtschaftsleistung oft erhebliche räumliche und soziale Einkommensdisparitäten
- Verstärkung des sozialen Gefälles zwischen wirtschaftlicher Elite und Masse der Bevölkerung
- Gefahr der Entstehung gesellschaftlicher Spannungsfelder

Dependenztheorie
Sie geht von **exogenen**, also von außen gesteuerten Einflüssen aus. Unterentwicklung wird als Folge imperialistischer und kapitalistischer Einflüsse verstanden. Dieser Theorie zu Folge unterlagen bzw. unterliegen die Entwicklungsländer zunächst den stark kontrollierenden Einflüssen der Kolonialzeit (wirtschaftlicher Ergänzungsraum für die Kolonialmächte), später den wachsenden wirtschaftlichen Abhängigkeiten vom Weltmarkt. Als Folge produzieren die Entwicklungsländer eigentlich gar nicht für ihre wirtschaftliche Entwicklung, sondern für das Wohlergehen der Industrieländer unter Verlust einer eigenen Identität, in der ständigen Gefahr des unkontrollierten Ressourcenverbrauchs und der Verschärfung sozialer und räumlicher Disparitäten im eigenen Land.

Das Zentrum-Peripherie-Modell
Dieses Modell geht davon aus, dass in beiden Ländertypen, Industrieland und Entwicklungsland, je ein **Zentrum und eine Peripherie** vorhanden sind. Unter Zentrum kann man das räumliche Zentrum, besonders aber den sozialen Kernbereich wirtschaftlicher Aktivitäten mit hohem Kapitalfluss, Industriestandorten und politischen Entscheidungen verstehen, unter Peripherie die regional und gesellschaftlich weniger entwickelten Räume bzw. Gesellschaftsteile. Industrieländer verfügen über kleine Peripherien (Passivräume und soziale Randgruppen), Entwicklungsländer über große Peripherien (Hinterland, ländliche Räume, Großteil der sozial und wirtschaftlich schwach gestellten Bevölkerung). In Verbindung stehen hauptsächlich die beiden Zentren, das heißt alle Entwicklungsmaßnahmen kommen letztendlich nur einer kleinen Bevölkerungsgruppe des Entwicklungslandes zugute. Unterentwicklung wird hier also als Folge einer **zu geringen Teilhabe der Peripherie des Entwicklungslandes** an den wirtschaftlichen und gesellschaftlichen Impulsen gesehen.

9.3 Beispiele für Entwicklungsstrategien

Entwicklungsstrategien versuchen Gesamtkonzepte zur Minderung von Entwicklungsdefiziten zu erarbeiten. Der **Modernisierungsansatz** wurde bereits im letzten Kapitel vorgestellt. Im Folgenden werden weitere solche Konzepte vorgestellt.

Abkoppelungsstrategie
Sie hat sich aus der Dependenztheorie für Unterentwicklung entwickelt und schlägt vor, die Wirtschaft eines unterentwickelten Landes vom Weltmarkt abzukoppeln um den Binnenmarkt zu erschließen und die Industrie unter Förderung der Peripherien konkurrenzfähig und **autozentriert** zu entwickeln. Der Hauptkritikpunkt hierbei ist darin zu sehen, dass eine Abkoppelung angesichts der starken Abhängigkeit der Entwicklungsländer vom Weltmarkt nur schwer durchführbar ist.

Integrationsstrategie
Als Gegenteil zur Abkoppelung stellt diese Strategie den Versuch der Integration in eine liberale Weltwirtschaft dar. Institutionen wie der Internationale Währungsfond und die Weltbank betrachten die Entwicklungsdefizite nicht als Folge einer fehlgeleiteten Weltwirtschaftsordnung, sondern als Folge von **Wirtschaftsprotektionismus** (Einfuhrzölle, zu viele Normen und Vorschriften, Einfuhrbeschränkungen). Die Integrationsstrategie fordert eine Handelsliberalisierung, die Beteiligung ausländischer Kapitalgeber und die Ausnutzung der weltweiten Arbeitsteilung.

Grundbedürfnisstrategie
Sie konzentriert sich auf die Verbesserung der sozialen Situation und das Armutsproblem und strebt Selbstorganisation und Selbsthilfe der betroffenen Bevölkerungsgruppen an. Hierbei sollen in erster Linie die elementaren Grundbedürfnisse der Bevölkerung garantiert werden. Dies kann besonders durch das Eingreifen nichtstaatlicher, professioneller Hilfsorganisationen (z. B. kirchliche Organisationen) erreicht werden. Beispiele für die Förderung sind die Gewährung von Kleinkrediten für Entwicklungsprojekte in kleinem Rahmen (Hilfe zur Selbsthilfe), die Entwicklung und Lieferung von angepasstem Saatgut für Regionen mit spezifischen Klimabedingungen, den Technologie- und Know-how-Transfer innerhalb eines Entwicklungsprojektes, nicht in allgemeiner Form für das ganze Entwicklungsland. Die Grundbedürfnisstrategie will also eine Entwicklung von der Basis nach oben erreichen.

MERKE ▪ Unterentwicklung und Entwicklungsstrategien
Theorien der Unterentwicklung
(wollen Entwicklungsrückstände erklären)
- **Geodeterministischer Ansatz**
- **Modernisierungstheorie**
- **Dependenztheorie**
- **Zentrum-Peripherie-Modell**

Entwicklungsstrategien
(wollen komplexe Lösungsansätze vorschlagen)
- **Modernisierungsstrategie**
- **Abkoppelungsstrategie**
- **Integrationsstrategie**
- **Grundbedürfnisstrategie**

9.4 Maßnahmen zur Minderung von Entwicklungsdefiziten

Bevölkerungsplanung

Bevölkerungsplanerische Maßnahmen müssen sich im Wesentlichen auf die Lösung von zwei Kernproblemen konzentrieren, auf die Reduzierung bzw. Verhinderung von **wirtschaftlich und politisch bedingten Flüchtlingsströmen** (räumliche Bevölkerungsbewegung) und auf die **natürliche Bevölkerungsentwicklung**.

a) Gesetzliche Regelungen für Flüchtlinge
- **Völkerrechtliches Asyl** (Beginn: Ende des 19. Jahrhunderts) Recht von Staaten, innerhalb ihrer Staatsfläche Flüchtlinge vor Angriffen anderer Staaten zu schützen.
- **Ernennung eines ersten Hochkommissars für Flüchtlinge** 1921 durch den **Völkerbund** (heute von der UNO-Vollversammlung verwaltet): seine Aufgaben bestehen im **Rechtsschutz der Flüchtlinge** in lebensbestimmenden Bereichen, in der **Lösung der Flüchtlingsprobleme** (z. B. Umsiedlung, Repatriierung) und in der **Öffentlichkeits- und Informationsarbeit** gegenüber den verantwortlichen Regierungen.
- **Genfer Flüchtlingskonvention (GFK):** Katalog von Rechten und Pflichten eines Flüchtlings im Aufnahmeland; 2006 von 133 Staaten unterzeichnet; *Artikel 1.A.2: als Flüchtling gilt, „wer aus der begründeten Furcht vor*

Verfolgung wegen Rasse, Religion, Nationalität, Zugehörigkeit zu einer bestimmten sozialen Gruppe oder wegen politischer Überzeugung-..." seine Grundrechte nicht wahrnehmen kann.

- **In Deutschland** werden Flüchtlinge durch den **Artikel 16 des Grundgesetzes** und durch das (allerdings ständigen Veränderungen unterworfene) **Ausländergesetz** geschützt.
- **Schengener Abkommen** (1985, 1990) und **Dubliner Asylkonvention** (1990): versuchen eine grundsätzliche Harmonisierung der europäischen Asylpolitik.

Gerade für die **unterentwickelten Länder** ergeben sich zu Beginn des 21. Jahrhunderts unterschiedliche Motivationen für Wanderungs- und Fluchtbewegungen, so z. B.: **klimatisch und allgemein naturräumlich motivierte** (Dürreperioden, Desertifikationserscheinungen, Überweidung infolge steigender Viehbestände), **politisch motivierte** (Bürgerkriege, Stammesauseinandersetzungen) und **wirtschaftlich motivierte** (Armut, Hoffnung auf bessere Lebensbedingungen in städtischen Räumen und im Ausland), religiös motivierte (Auseinandersetzungen zwischen fundamentalistischen Bevölkerungsgruppen) etc.

b) Maßnahmen und Zielrichtungen zur Minderung des starken natürlichen Bevölkerungswachstums

- Armutsbekämpfung, Deckung der Grundbedürfnisse
- gesellschaftliche und wirtschaftliche Stärkung der Rolle der Frau, z. B. Zugang zu Aus- und Weiterbildungsmöglichkeiten
- Auflösung gesellschaftlicher Disparitäten: Teilhabe der gesamten Bevölkerung statt Bevorzugung gesellschaftlicher und wirtschaftlicher Eliten
- Leitbild der nachhaltigen Entwicklung: Lösungsansätze mittel- und langfristiger Dimension statt kurzfristige Hilfsmaßnahmen
- Erhöhung des Haushaltseinkommens zur Deckung der Grundbedürfnisse und Reduzierung der Kinderarbeit
- Entwicklung eines Systems der sozialen Absicherung
- Reduzierung der Kindersterblichkeit
- Beratung bezüglich einer Familienplanung, Zugang zu Verhütungsmitteln, Senkung der Geburtenziffer
- Bekämpfung von Epidemien, z. B. HIV, Malaria, Gelbfieber etc.
- Abbau sozialräumlicher Disparitäten zwischen Stadt und ländlichem Raum
- Durchführung von Land- und Agrarreformen usw.

Grüne Revolution, Integrierter Pflanzenbau und Welternährungsgipfel

Unter **Grüner Revolution** versteht man Entwicklungskampagnen seit den 50er-Jahren des 20. Jahrhunderts mit dem Ziel einer allgemeinen Ertragssteigerung und besseren Flächennutzung für die Nahrungsmittelproduktion. Einzelmaßnahmen konzentrieren sich in erster Linie auf die Einführung von **Hochertragssorten**, die Anwendung von **Pflanzenschutzmitteln**, die Ausweitung des **Bewässerungsfeldbaus**, eine verstärkte **Mechanisierung** und die Steigerung des Einsatzes von **Düngemitteln**. Erfolge der Grünen Revolution waren eine erhebliche Ertragssteigerung mit mehrmaligen Ernten pro Jahr, geringere Nahrungsmittelpreise und eine Ausweitung der Bewässerungsfläche.

Kritisiert werden müssen allerdings folgende Aspekte:
- hoher Kapitaleinsatz, dadurch können sich nur die reicheren Bauern und die Großgrundbesitzer z. B. Pestizide und Dünger leisten
- hohe klimatische und bodenbezogene Ansprüche der Hochertragssorten
- fehlendes Kapital für die Agrarforschung in den unterentwickelten Ländern selbst
- hoher Energieverbrauch und hohe Energiekosten
- schlechte Transportwege, fehlendes Vertriebssystem
- insgesamt oft fehlende Verbesserung der Ernährungssituation infolge fehlender Kaufkraft der Durchschnittsbevölkerung
- teilweise hierdurch noch Verstärkung regionaler und sozialer Disparitäten
- Verdrängen traditioneller, angepasster Kulturen und Anbauarten

Der **integrierte Pflanzenbau** versucht eine Ertragssicherung mithilfe einer optimierten **Vernetzung aller Einflussfaktoren auf intensiv genutzten Flächen** zu erzielen. Zu seinen Maßnahmen gehören unter anderem:
- exakte, Wasser sparende Dosierung des Bewässerungswassers
- Einführung sinnvoller Fruchtfolgen, Verwendung von speziellem angepassten Saatgut
- Förderung der Zusammenarbeit von staatlichen Beratungsstellen, Aufklärung der Bauern über angepasste Anbauweisen (praxisbezogene Feldschulung) und ökologische Belange
- genaue Auswahl der Standorte für bestimmte Anbaukulturen
- Schonung und Förderung natürlicher Nützlinge zur Reduzierung chemischer Schädlingsbekämpfung

Gerade in jüngster Zeit werden auch im **biologischen Landbau** und in der Verwendung **gentechnisch manipulierter Pflanzensorten** Chancen für eine weitere Ertragssteigerung und -sicherung gesehen. Über die tatsächlichen Erfolge in dieser Hinsicht wird allerdings erst in einigen Jahren befunden werden können.

MERKE ▪ Hauptstrategien des Welternährungsgipfels

Auf dem im November 1996 in Rom stattgefundenen Welternährungsgipfel wurden folgende Hauptstrategien zur Nahrungssicherung formuliert:

- Vorrang der Ausnutzung lokaler Reserven vor der Maximierung des internationalen Handels
- Erzielen fairer Preise als sichere Einkommensgrundlage für die unterentwickelten Länder und zur Sicherstellung einer flächendeckenden Versorgung auf Konsumentenseite
- politischer Interessensausgleich zwischen den Exporteuren und Importeuren von Nahrungsmitteln
- Verhinderung von Preisdumping und überproportionalen Subventionen
- Errichtung internationaler Reserven
- Verhinderung von langfristigen Handelsabhängigkeiten
- besserer Ausgleich zwischen internationalen Überschüssen und Defiziten, dadurch Rückzug aus Grenzertragsgebieten (z. B. Gebieten mit hohem klimatischen Anbaurisiko)
- Aufbau einer internationalen Nothilfe (strategische Notreserven)
- Durchführung von Landreformen zur gerechteren Verteilung von Grund, Wasser und anderen Produktionsfaktoren
- Einführung besserer Technologien zur Verhinderung von Nachernteverlusten (Mängel durch fehlende Transport-, Lagerungs- und Verarbeitungssysteme)
- wieder rückführende Anpassung der Produktion auf die traditionellen und kulturell akzeptierten Anbaufrüchte (z. B. vorsichtigerer Umgang mit exportorientierten Cash Crops)
- Förderung der internationalen Agrarforschung

Maßnahmen zur Lösung von Wasserkonflikten

Die Lösung von Wasserkonflikten dürfte eines der wohl schwierigsten Probleme in den semiariden und ariden Bereichen gerade weniger entwickelter Ländern darstellen. Als Fallbeispiel sei das **Südostanatolien-Projekt GAP** (Güneydogü Anadolu Projesi) genannt. Südostanatolien ist gekennzeichnet durch zahlreiche Entwicklungsprobleme (starke landwirtschaftliche Überprägung, fehlende Industrie, eine hohe Landflucht und traditionelle überkommene Besitzrechte), außerdem durch hohe Niederschlagsvariabilität, hohe Verdunstung und die Gefahr lang andauernder Trockenperioden.

Planungsziele:

- Steigerung der Energiebereitstellung (um 70 %), Ausweitung der Bewässerungslandwirtschaft (Verachtfachung der Produktion)
- Bau von 22 Staudämmen und 18 Wasserkraftwerken, die mit Wasser aus Euphrat und Tigris gespeist werden
- Erschließung von 4,8 Mio ha Ackerland, Schaffung von spezialisierten Arbeitsplätzen, Minderung der Abwanderung nach Westen

Probleme bei der Durchführung: Die starke Wasserentnahme aus den beiden Flüssen Euprhrat und Tigris führt zur Gefahr politischer Konflikte mit Syrien und dem Irak.

Notwendige Regulierungsmaßnahmen: Die Nutzung grenzüberschreitender Flusssysteme benötigt bi- und multilaterale Abkommen, welche im vorliegenden Fall durch sich überlagernde politische Auseinandersetzungen (z. B. Kurdenproblematik) erschwert werden.

Die Stärkung der Rolle der Frau

Aus der **Aktionsplattform der Weltfrauenkonferenz** (Peking 1995):

- Bekenntnis zur globalen und geschlechterunabhängigen Gültigkeit der Menschenrechte
- Bewusstsein, dass Armut in der „Dritten Welt" in besonderem Maße die Frauen betrifft und deshalb Maßnahmen zu deren Rollenstärkung durchgeführt werden müssen
- Bewusstsein, dass Erziehung und Bildung als Grundrecht betrachtet werden müssen und Frauen infolge der bildungsgesellschaftlichen Defizite in besonderer Weise gefördert werden müssen

- Frauen und Gesundheit: Stärkung des Rechts, selbst verantwortlich und frei von Zwang, Diskriminierung und Gewalt über die Sexualität entscheiden zu können; Stärkung des Rechts der Frauen auf Familienplanung (bereits während der Kairo-Konferenz 1994 formuliert)
- Frauen und Gewalt: Maßnahmen zur Verhinderung von Beschneidung, erzwungener Sterilisation und selektiver Kindestötung der Mädchen
- Erfassung der gesamtgesellschaftlichen Leistung der Frauen in Erziehung und Hausarbeit und Zurechnung dieser Leistung zum volkswirtschaftlichen Gesamteinkommen
- Förderung der Stellung der Frau in politischen und wirtschaftlichen Entscheidungspositionen
- Verhinderung überzogener traditionalistischer Bewertungen (Frau als bloße Ehefrau und Mutter), gleichermaßen Verhinderung pseudomoderner Sichtweisen (Frau als Konsumentin und Lustobjekt) etwa in den Medien

Tourismus als Entwicklungschance

Zahlreiche weniger entwickelte Länder verfügen über ein **naturräumliches und kulturelles Potenzial** (etwa warmes Klima, Strand- und Gebirgslandschaften, exotische Kulturmerkmale), dessen Nutzung durch den Ferntourismus oftmals als Entwicklungschance (Wachstums-„Industrie" Tourismus) betrachtet wird. Die Förderung der touristischen Entwicklung kann also grundsätzlich wesentliche Vorteile wirtschaftlicher und gesellschaftlicher Art für das betreffende Land bedeuten wie z. B.:

- Schaffung von **Arbeitsplätzen** (z. B. Gastronomie, Hotel- und Übernachtungsbranche, Kunsthandwerk, Synergieeffekte in Landwirtschaft, Fischerei, im Taxi- und Vergnügungsbereich)
- Ausbau der **Infrastruktur**, deren Effektivität einer breiteren Bevölkerungsgruppe zuteil werden kann
- **Steigerung des Volkseinkommens** durch die Einnahmen aus dem Tourismus
- allgemeine **Initiierung von Entwicklungsschüben**, welche durch **räumliche Diffusion** auch auf andere Regionen und sozioökonomische Teilbereiche ausgedehnt werden können

MERKE ▪ Negativ-Effekte des Tourismus

- zu geringer im unterentwickelten Land selbst verbleibender Anteil an den gesamten Reisekosten (im globalen Durchschnitt etwa zwischen 10 und 30 %)
- häufig Finanzierung von touristischen Großprojekten (z. B. Ferien- und Hotelanlagen) durch ausländische Investoren mit Gewinnabflüssen
- infrastrukturelle Verbesserungen oft nur auf die Touristikregionen beschränkt, ohne dass die einheimische Bevölkerung davon profitiert
- erhöhtes Einkommen in den Touristikregionen lässt häufig die Preise für Nahrungsmittel und Dienstleistungen ansteigen, die dann aber auch von der nicht im Tourismus arbeitenden Bevölkerung bezahlt werden müssen
- große Abhängigkeit von Konjunkturschwankungen, die wiederum von Trends und lokalen Gegebenheiten (z. B. Bürgerkriege) gesteuert werden
- häufig Verstärkung regionaler Disparitäten, beispielsweise zwischen Küstenregionen und Hinterland
- Entfremdung einheimischer Kulturgewohnheiten durch Konfrontation mit westlichen Verhaltens- und Konsumweisen, dadurch Weckung von Bedürfnissen, die eigentlich lokal nicht befriedigt werden können; Identitätsverlust
- Überhandnehmen von Bettelei, Prostitution und Kriminalität
- erhöhte Umweltbelastung infolge einseitig wirtschaftlicher Förderung touristischer Strukturen ohne Beachtung mittel- und langfristiger ökologischer Auswirkungen

MERKE ▪ Sanfter Tourismus – die Ziele

- Förderung eines sozial- und umweltverträglichen Tourismus unter verantwortungsvoller Ausschöpfung wirtschaftlicher Entwicklungsmöglichkeiten
- zurückhaltende Erschließungspolitik
- Landschafts- und Naturschutz
- Einbindung der Interessen der einheimischen Bevölkerung
- sachliche Information der Nehmer-Seite (Touristen) über einheimische Lebensweisen

Entwicklungspolitik, Entwicklungszusammenarbeit, Nachhaltigkeit und Reform der Welthandelsbeziehungen

Die **Entwicklungszusammenarbeit** (früher: Entwicklungshilfe) muss aus einer konsequenten und nachhaltigen **Entwicklungspolitik** hervorgehen. Der Begriff **Entwicklungshilfe** wird heute weniger verwendet, weil er sich weitgehend nur auf ein einseitiges, nämlich auf die Geberländer bezogenes Verhältnis bezog.

MERKE ▪ Entwicklungspolitik
Unter Entwicklungspolitik versteht man alle Maßnahmen von internationalen Institutionen, Organisationen und von Staaten, auf unterschiedlichen Ebenen Entwicklungsschübe zu initiieren, zu unterstützen und zu sichern. Hierbei werden Entwicklungsziele bestimmt, Prioritäten wie etwa Nachhaltigkeit, wirtschaftliche Entwicklung, Armutsbekämpfung etc) gesetzt, Strategien zur Umsetzung erarbeitet und evaluiert (bewertet).

Während in der **Anfangsphase** der Entwicklungshilfe/Entwicklungszusammenarbeit weitgehend monetäre Hilfe ohne direkte Projektbindung gegeben und besonderer Wert dann oft auf die Realisierung großer Prestigeprojekte (z. B. Staudammbau) gelegt wurde, geht man mittlerweile dazu über, eher Einzelprojekte vor Ort in die **Gesamtstruktur einer nachhaltigen Entwicklung** fördernd einzugliedern.

Hilfe zur Selbsthilfe beschreibt ein heute gängiges Verfahren, bei dem der Schwerpunkt der Förderung auf örtliche Kleinprojekte gelegt wird mit dem Ziel, einen Entwicklungsanschub z. B. durch Know-how-Transfer zu leisten. Hilfe zur Selbsthilfe (z. B. die Terrassierung von Hängen in einem Dorf zur Verbesserung der Reisernte-Situation) geht davon aus, dass anfängliche Entwicklungsimpulse vor Ort weiterentwickelt werden können und sich räumlich, wirtschaftlich und gesellschaftlich selbständig weiter ausbreiten.

Entwicklungspolitik früher und heute

früher	heute
▪ nicht ganzheitlich durchgeplant, sondern oft nicht zweckgebundene Vergabe von Finanzmitteln ▪ oft Förderung fragwürdiger Großprojekte (z. B. Staudammbau, Großbewässerungsprojekte) ohne Verbesserung der Lebenssituation der Bevölkerung ▪ häufig nur bilateral: ein Industrieland gewährt einem Entwicklungsland Hilfe ▪ Motive: humanitär, politisch (dadurch oft nur Stärkung der politischen Machtverhältnisse), wirtschaftlich (oft auch zur Rohstoffsicherung für die Geberländer und zur Sicherung der Absatzmärkte), militärisch (oft nur Stärkung bestehender Machtpositionen) ▪ Entwicklungsprinzip: Imitation westlicher Entwicklungsmuster (Schwerpunkt auf rein wirtschaftliche Impulse)	▪ Hilfe zur Selbsthilfe, Prinzip der Nachhaltigkeit ▪ größere Planungs- und Realisierungssicherheit ▪ stärkere Beachtung von unerwünschten Nebeneffekten ▪ Planung, Finanzierung und Realisierung meist durch erfahrene Institutionen und Organisationen staatlicher, halbstaatlicher, kirchlicher und sozialer Einrichtungen ▪ eher: Self-Reliance, Autonomie, manchmal auch bewusste Abschottung gegenüber westlich orientierten Entwicklungsstrategien, Abkehr von der Wachstumsideologie ▪ soziale Gerechtigkeit, Selbstbestimmung und kulturelle Identität ▪ Abbau regionaler und sozialer Disparitäten ▪ multilaterales Prinzip (nicht nur ein Geber- und Nehmerland sind beteiligt, sondern breite Förderung unter Einbeziehung neutraler Organisationen)

Prinzipien für eine nachhaltige Entwicklung der Entwicklungsländer:

- Förderung des Bereichs **Menschenrechte**: z. B. Rechtssicherheit in Gerichtsverfahren, Ächtung der Folter, Minderheitenschutz, Religionsfreiheit
- **Entwicklung als Folge staatlichen Handelns:** z. B. Schutz natürlicher Lebensgrundlagen, Kampf gegen Korruption, geregelte Bevölkerungspolitik, Schutz und Stärkung ärmerer Bevölkerungsteile

- Förderung der **Partizipation**: z. B. demokratische Entscheidungswege, Akzeptieren einer Opposition, Informations-, Vereinigungs- und Pressefreiheit
- Erstellen einer eigenen **Wirtschafts- und Sozialordnung**: z. B. Schutz des Eigentums, Duldung von Wettbewerb in allen Wirtschaftsbereichen, Förderung der Grundbildung und der Entwicklung eines Systems zur gesundheitlichen Versorgung
- **Rechtssicherheit**: z. B. Unabhängigkeit der Justiz, gleiche Rechte aller vor dem Gesetzgeber

MERKE ▪ **Die Rolle der Industrieländer**

Die Rolle der Industrieländer bei der Realisierung einer nachhaltigen Entwicklungsförderung umfasst z. B.

- **ein verantwortungsvolleres Konsumverhalten (z. B. bezüglich der Nutzung von Tropenhölzern für den Möbelbau)**
- **eine verantwortlichere Import-Exportpolitik (z. B. zur Minderung einer Verschlechterung der terms of trade durch billigen Rohstoffexport und teuren Import höherwertiger Produkte aufseiten des Entwicklungslandes)**
- **die Kohärenz der staatlichen Gesamtpolitik (Entwicklungspolitik als gemeinsame Aufgabe aller beteiligten Entscheidungsträger)**
- **eine Förderung ökologischer Produktionsweisen**
- **eine stärkere Verantwortung für das internationale Wirtschaftssystem**

Die **Deutsche Gesellschaft für Technische Zusammenarbeit** (GTZ) hat einen Maßnahmenkatalog für verschiedene sozioökonomische Bereiche entwickelt, der mögliche Negativeffekte weitgehend ausschließen soll:

- **Landwirtschaft:** Vor-Ort-Vermarktung, Diversifizierung der Kulturen, Unterstützung nachhaltiger Anbauweisen, Erhöhung der Flächenproduktivität, Erhöhung des Einkommens von Frauen
- **Schutzgebietsmanagement:** Zahlung von Ersatzeinkünften (z. B. gegen illegalen Holzeinschlag und Wilderei, Erhöhung der Akzeptanz der Schutzziele (durch Information und Aufklärung), Teilfinanzierung von ökologischen Projekten durch Gebührenerhebung (z. B. in Naturparks, Wildreservaten)

- **Waldwirtschaft:** Vor-Ort-Vermarktung von Bauholz, finanzielle Anreize für Walderhaltung, Förderung nachhaltiger Bewirtschaftungsformen (z. B. durch geregelte Forstwirtschaft, Wiederaufforstungsmaßnahmen), Aufwertung autochthoner Kulturen, Verstärkung der lokalen Weiterverarbeitung
- **Kleingewerbe/Dienstleistungen:** Diversifizierung und Direktvermarktung von Produkten aus dem Kunsthandwerk, Innovationsförderung (z. B. im Bereich Umwelttechnologie), und andere

Von der Verwirklichung einer verantwortungsvollen globalen Entwicklungspolitik mit dem Ziel einer nachhaltigen Entwicklung sind die beteiligten Parteien heute noch weit entfernt. Heutige Aspekte der Förderung weniger entwickelter Länder werden häufig unter dem Gesichtspunkt der **Nachhaltigkeit** diskutiert. Hierunter versteht man vereinfacht formuliert, bei der Lösung eines Teilproblems nicht nur dessen unmittelbar einwirkende Faktoren zu berücksichtigen, sondern dieses Teilproblem in das komplexe, vernetzte Gesamtgefüge der Unterentwicklung einzubinden. Für die mangelhafte Nahrungsmittelversorgung bedeutet dies z. B., eben nicht nur für eine ad-hoc-Produktionssteigerung zu sorgen, sondern Nahrungsmitteldefizite als interaktives Ergebnis von Armut, fehlender Kaufkraft, einem fehlenden Sozialsystem etc. zu betrachten.

So besitzt etwa die Stärkung der Kaufkraft ausschlaggebenden Charakter bei der Erhöhung der Nahrungsmittelproduktion in Entwicklungsländern mit quantitativen und qualitativen Nahrungsmitteldefiziten, denn eine höhere Kaufkraft bewirkt gleichermaßen eine Diversifizierung der Wirtschaft, Anreize zur Produktion, die Entwicklung strukturschwacher Räume, eine Reduzierung von Wanderungsströmen, den Verzicht auf das Ausweichen auf Grenzertragsgebiete, letztendlich auch den allmählichen Aufbau eines sozialen Sicherungssystems. Das **Prinzip der Nachhaltigkeit** wurde auf der **UN-Konferenz zu Umwelt und Entwicklung, Agenda 21** (1992 in Rio de Janeiro) erstmals im globalen Rahmen definiert.

Dem Funktionieren einer international abgestimmten Entwicklungszusammenarbeit stehen meist immer noch nationale politische und wirtschaftliche Interessen, zunehmend solche von privatwirtschaftlichen **Global Players** (global arbeitenden Riesenkonzernen), internationale Abstimmungsschwierigkeiten, stark unterschiedliche Auffassungen zum Umweltschutz und vieles andere mehr entgegen.

Strukturierung einer nachhaltigen Entwicklungspolitik heute

- **1. Basisziel der Entwicklungspolitik** (im Sinne der Agenda 21 der UN-Konferenz): Kooperatives und abgestimmtes Wirken in allen Bereichen der Politik in den Industrie- und Entwicklungsländern mit dem Ziel einer nachhaltigen und umweltschonenden Entwicklung
- **2. Teilbereiche der Entwicklungspolitik:**
  - Entwicklungszusammenarbeit durch Abstimmung aller Politikbereiche hinsichtlich ihrer Auswirkungen auf die Entwicklungsländer
  - globale strukturelle Entwicklungspolitik: z. B. Bekämpfung der Armut, Konfliktprävention und Konfliktregelung, Demokratisierung, Regelung des Welthandels
  - Information und Aufklärung über Entwicklungsdefizite im Inland (Industrieländer)
- **3. Formen der Entwicklungszusammenarbeit:**
  - **Öffentliche Zusammenarbeit**, z. B. durch die Deutsche Gesellschaft für Technische Zusammenarbeit (GTZ), die Carl-Duisberg-Gesellschaft (CDG), die Deutsche Stiftung für internationale Zusammenarbeit (DSE), die Kreditanstalt für Wiederaufbau (KfW)
  - **bilateral** (zwischenstaatliche Vereinbarungen) oder **multilateral** (durch Beteiligung internationaler Organisationen); in den Bereichen Katastrophenhilfe, technische Zusammenarbeit (z. B. Lieferung von technischen Ausrüstungsgegenständen, Know-how-Transfer), personelle Zusammenarbeit (z. B. Einarbeitung durch Spezialisten vor Ort, Einsatz von Entwicklungshelfern), finanzielle Zusammenarbeit (z. B. Zuschüsse, zinsgünstige Kredite, Sonderfinanzierungen)
  - **nichtstaatliche Zusammenarbeit**, z. B. durch politische Stiftungen, kirchliche und soziale Träger der Entwicklungszusammenarbeit

Ein neueres Entwicklungskonzept stellt die **Strategische Entwicklungspartnerschaft mit der Privatwirtschaft (PPP = Public Private Partnership)** dar. Darunter versteht man eine Zusammenarbeit von Entwicklungsländern mit privaten Wirtschaftsunternehmen auf infrastrukturellen Sektoren wie Energieerzeugung, Verkehrswege, Telekommunikation, Wasser und Abwasser. Gewinnorientierte privatwirtschaftliche Strategien treffen dabei aber oft auf entwicklungspolitische Zielsetzungen, wie etwa die Schaffung von Rahmenbedingungen für Entwicklung. Eine Annäherung und Verwirklichung solcher Projekte ist deshalb meist nur unter Verwendung staatlicher Subventionen möglich und betrifft weitgehend die sogenannten Schwellenländer.

MERKE ▪ Vorteile der PPP

- **Mobilisierung des privatwirtschaftlichen Sektors im Entwicklungsland**
- **bessere Nutzung von Wirtschaftspotenzialen und längerfristige Effizienz infolge des Gewinnstrebens der beteiligten Privatunternehmen**
- **bessere Einbringung privatwirtschaftlicher Potenziale, z. B. Fachkräfte, Know-how**
- **konkrete Problemlösung durch Einsatz der Projekte auf der Basisebene (konkrete Einzelprojekte vor Ort)**

Verbesserung der Welthandelsbeziehungen

- **Abkommen von Lomé zwischen den AKP-Staaten und der EU** (1975, 46 AKP-Staaten beteiligt; AKP = Afrika, Karibik und pazifischer Raum) Ziel der mittlerweile drei Einzelabkommen ist unter anderem die **Förderung der Entwicklungszusammenarbeit**, die **Einräumung von Handelsvorteilen** der beteiligten Staaten gegenüber der Europäischen Union, der **zollfreie Zugang fast aller Waren in die EU**, den **Aufbau eines Ausgleichsfonds** (STABEX = Stabilisierung der Exporterlöse) zur Minderung von Preisschwankungen bei tropischen Agrarprodukten, **finanzielle Zuschüsse** für den Ausbau der Infrastruktur und für Unternehmen, die Rohstoffe abbauen. Heute (2009) gibt es 79 AKP-Staaten.
- **Neue Weltwirtschaftsordnung (NWWO):** Die Ziele der NWWO sind unter anderem das **Enteignungsrecht ausländischer Investitionen**, der **Abbau protektionistischer Handelshemmnisse**, die **Schaffung eines Zugangs für Halb- und Fertigprodukte aus den Entwicklungsländern**, **Schuldenerlass und Schuldenabschreibung**, die kostenfreie oder kostengeminderte **Überlassung von Patenten und Lizenzen** aus den Industrieländern, die Schaffung eines **integrierten Rohstoffprogramms** (siehe folgende Abbildung), die Zahlung eines festgesetzten **%-Beitrages des Bruttosozialprodukts als Entwicklungshilfe** durch die Industrieländer.

INSIDER-TIPP

Der Umgang mit Daten zu den Welthandelsverflechtungen ist äußerst kompliziert. Gehen Sie deshalb in einer Klausur oder Abiturprüfung ganz systematisch vor. Beziehen Sie sich auf die beigefügten Daten. Beschreiben Sie zunächst erst allgemeine Tendenzen und „zoomen" Sie sich danach erst in Detailstrukturen ein.

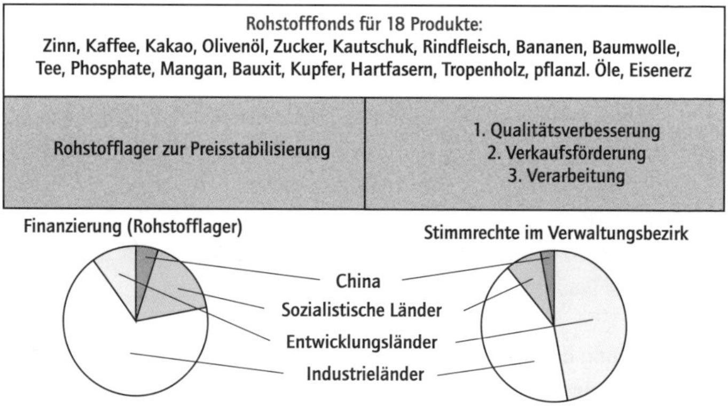

Fonds zur Preisstabilisierung von Rohstoffen

Wertung: Im Jahre 1989 ist ein gemeinsamer Fonds für Rohstoffe innerhalb des **Integrierten Rohstoffprogramms** in Kraft getreten. Allerdings wurde sehr schnell erkannt, dass solche preisstabilisierenden Maßnahmen auf Dauer kaum gegen das internationale marktwirtschaftliche Kräftespiel wirksam sind. In jüngerer Zeit konzentriert man sich deshalb wieder mehr auf entwicklungspolitische Fördermaßnahmen.

- **World Trade Organisation (WTO):** Sie versucht in multilateralen Abkommen unter anderem nachhaltige Entwicklung einzuleiten, den Abbau von Handelshemmnissen zu beschleunigen, die weniger entwickelten Länder dabei besonders zu fördern und Fragen des Ressourcenschutzes zu klären. Einzelabkommen sind:
  - **GATT** (General Agreement on Tariffs and Trade): Tätigkeitsbereiche: Landwirtschaft, Textilien, Dumping/Subventionen, Investitionen
  - **GATS** (General Agreement on Trade in Services): Tätigkeitsbereiche: Finanzdienste, Telekommunikation und Transport
  - **TRIPS** (Trade-related Aspects of Intellectual Property Rights): Tätigkeitsbereiche: Patent-/Markenschutz und Urheberrechte
- **Der Internationale Währungsfond (IWF/IMF)** strebt ein ausgewogenes Wachstum des Welthandels an, will die währungspolitische Zusammenarbeit fördern und Zahlungsbilanzungleichgewichte mindern.
- **UNCTAD (United Nations Conference on Trade and Development)**, ein Instrument der Generalversammlung der Vereinten Nationen, versucht unter Mitwirkung einer Gruppe von Entwicklungsländern (G77) allgemein Handel und Entwicklung weltweit zu fördern.

- Maßnahmen unter dem Motto **Fairer Handel**: Mittlerweile kaufen einige Handelsorganisationen direkt bei Kleinproduzenten in Entwicklungsländern zu festgelegten stabilen Einkaufspreisen. Sie finanzieren Produktion vor, helfen bei der Produktentwicklung und beim Marketing (Beispiel Kaffee, Tee, Schokolade). Inzwischen werden auch durch einige Handelsketten **Gütesiegel** vergeben (Beispiel Blauer Engel ab 1977).

CHECKLISTE

9 Entwicklungsdefizite

- Kennzeichen: wirtschaftliche, auf das Gesundheits- und Bildungswesen bezogene, gesellschaftliche und religiöse, auf traditionellen Strukturen basierende, demografische, ökologische
- das Modell des demografischen Übergangs verstehen
- sozioökonomische Ursachen des Bevölkerungswachstums kennen
- Szenarien über Auswirkungen eines starken Weltbevölkerungszuwachses erstellen können
- Grundlagen der Ernährungsproblematik erläutern können: quantitative und qualitative Mangelernährung, Problem der regionalen Verteilung von Nahrungsangeboten
- das Konfliktfeld Wasser erläutern können
- räumliche Disparitäten, Migration und Verstädterung in Ländern mit Entwicklungsdefiziten beschreiben können
- traditionelle Strukturen wie Rentenkapitalismus, Haziendasystem und Plantagenwirtschaft und philosophisch-religiöse Mechanismen erläutern können
- den Problemkreis Verschuldung erläutern können
- die Grundlagen des Welthandels und der Welthandelsverflechtungen erarbeiten und analysieren können
- Theorien der Unterentwicklung und Entwicklungsstrategien verstehen und erläutern können
- Beispiele von Maßnahmen zur Minderung von Entwicklungsdefiziten darstellen können
- den Wandel in der Entwicklungshilfe (besser: Entwicklungszusammenarbeit) erläutern können

10 Raumrelevante Probleme und Prozesse in Schwellen- und Transformationsländern

Die Schwellenländer und die Transformationsländer stellen bei der Betrachtung des Entwicklungsstandes in wirtschaftlicher, gesellschaftlicher und politischer Hinsicht Sonderformen dar. Die Gruppe der Schwellenländer befindet sich in einem Prozess starker wirtschaftlicher Entwicklung, allerdings sind sie im Vergleich zu den klassischen Industrieländern im Bereich der gesellschaftlichen Strukturen oft noch wenig fortgeschritten. Transformationsländer begegnen vor allem Strukturanpassungsproblemen beim Übergang von der ehemaligen zentralen Planwirtschaft zu marktwirtschaftlichen Strukturen.

10.1 Begriffe: Schwellen- und Transformationsland

Schwellenländer sind eine Gruppe nicht absolut klar definierter (ehemaliger) **Entwicklungsländer auf dem Wege zur Industrialisierung**. Das Stadium des Schwellenlandes ist durch einen weitgehenden Umbau der Wirtschaftsstrukturen von einer Agrargesellschaft zur Industrialisierung gekennzeichnet. Üblicherweise herrschen noch starke soziale Gegensätze zwischen Arm und Reich (z. B. fehlendes oder noch im Aufbau befindliches soziales Netz, starke Einkommensdisparitäten) vor. Häufig besteht ein hohes Risiko für politische Unruhen durch das bei der Industrialisierung entstehende Spannungsverhältnis zwischen konservativen Kräften und Parteien, die eine Modernisierung erreichen wollen. Die sozialen Entwicklungsindikatoren (Alphabetisierungsrate, Säuglingssterblichkeit, Lebenserwartung) hinken den wirtschaftlichen dabei oft hinterher. Derzeitige Schwellenländer sind beispielsweise China, einige Staaten des ehemaligen Ostblocks (→ Transformationsland), Brasilien und weitere südamerikanische Staaten, die Republik Südafrika, Mexiko, Malaysia und Singapur.

Transformationsländer sind eigentlich eine Untergruppe der Schwellenländer. Es sind Staaten in einem Übergangsstadium von einer ehemals auf zentrale Planung konzentrierten Wirtschaftsform in eine marktwirtschaftlich organisierte Gesellschaftsordnung. Hierbei kann es zu erheblichen Anpassungsproblemen bei der Umstrukturierung von Wirtschaft und Gesellschaft kommen. Transformationsländer sind beispielsweise die mittel- und osteuropäischen Länder (MOE), die Gruppe der Neuen Unabhängigen Staaten (NUS) auf dem Gebiet der ehemaligen Sowjetunion sowie die südostasiatischen Länder Vietnam, Laos und Kambodscha.

10.2 Nachholende Entwicklung am Beispiel des Schwellenlandes Südkorea

Die Republik Südkorea gilt in der Zeit zwischen 1953 (Ende des Korea-Kriegs) bis etwa 2000 als klassisches Schwellenland und hat bis heute nach Meinung von Wirtschaftsexperten bereits den Status eines industrialisierten Landes erreicht.

Angaben für 2000 (in Klammern 2010)	**Republik Südkorea**	**Deutschland**
Fläche in km^2	99 300 (99 300)	357 000 (357 000)
Einwohner in Mio.	47 (50,1)	82 (82,4)
davon in Städten (%)	79 (81)	86 (86)
davon im ländlichen Raum (%)	21 (19)	14 (14)
Bevölkerungswachstum in %	1,0 (0,4)	0,0 (−0,02)
Bevölkerungsdichte (pro km^2)	477 (505)	230 (231)
Säuglingssterblichkeit in % der Lebendgeburten	0,5 (0,6)	0,4 (0,4)
Kindersterblichkeit in % der Lebendgeburten	0,5 (0,4)	0,5 (0,4)
Durchschnittliche Lebenserwartung	74 (76)	76 (79)
Analphabetenrate (% der Bevölkerung > 14 Jahre)	(2)	(0,7)
Arbeitslosenquote in % aller Erwerbstätigen	3,2 (3,9)	10,4 (9,6)
Importvolumen in Mrd. US-$	152 (289)	520 (882)
Exportvolumen in Mrd. US-$	162 (319)	648 (1193)
Durchschnittliche jährliche Inflationsrate 2000–2010 in %	2,4	1,9

Angaben für 2000 (in Klammern 2010)	Republik Südkorea	Deutschland
Anteil der Wirtschaftssektoren am Bruttoinlandsprodukt in % – Landwirtschaft – Industrie – Dienstleistungen	 4 (3,1) 41 (41,7) 55 (66,7)	 1 (0,9) 31 (29,4) 68 (73)
Erwerbstätigkeit in %: Landwirtschaft Industrie Dienstleistungen	 11 (9,3) 28 (21,4) 61 (66,6)	 3 (1,8) 33 (31,1) 64 (67,1)
Importgüter	Maschinenbau- und elektrotechnische Güter, Transportausrüstung, mineralische Brennstoffe, Schmiermittel, chemische Produkte, Rohstoffe	chemische Erzeugnisse, Kraftwagen und -teile, Maschinen, Nachrichtentechnik, Erdöl und Erdgas, Büromaschinen, Ernährungsgüter, Eisen- und Stahlerzeugnisse, sonstige Fahrzeuge
Exportgüter	Maschinen, elektrotechnische Produkte, Transportgeräte, chemische Erzeugnisse, Fahrzeuge, mineralische Brennstoffe	Kraftwagen und -teile, Maschinen, Nachrichtentechnik, Generatoren und Systeme, Eisen- und Stahlerzeugnisse, sonstige Fahrzeuge

Exportorientierte Industrialisierung und Weltwirtschaftsintegration

Ende der 1950er-Jahre war Südkorea noch auf finanzielle Auslandshilfe und auf den Import nahezu aller Grundnahrungsmittel, Rohstoffe und Fertigprodukte angewiesen. **Ab etwa 1960** schlug der Staat den Weg einer **geplanten Industrialisierung** ein. Hierzu waren günstige Voraussetzungen vorhanden, wie etwa ein **hohes Arbeitskräftepotenzial** (Landwirtschaft zur damaligen Zeit mit 60 % aller Erwerbstätigen überbesetzt), eine südostasiatischen Regionen gemeine, **effektivitätsfördernde Arbeitsphilosophie** (Lernwilligkeit, Loyalität gegenüber dem Arbeitgeber, geringe Streikhäufigkeit etc.), eine **geringe Analphabetenquote**, ein **tiefes Lohnniveau**, gewohnt **lange Arbeitszeiten** und eine **geringe Anzahl von Urlaubstagen**.

Die Industrialisierung erfolgte in sechs Einzelschritten:

- **1. Phase – Importsubstitution (Ersatz) von leichtindustriellen Konsumgütern:** Förderung der heimischen Konsumgüterproduktion (besonders Nahrungsmittel und Textilien); anstelle des Konsumgüterimports tritt der Import von Rohstoffen und halbfertigen Industrieprodukten. Gleichzeitig werden vermehrt Nahrungsmittel und mineralische Rohstoffe exportiert.
- **2. Phase – Produktion und Export leichtindustrieller Konsumgüter:** geringe Binnenkaufkraft (geringe Löhne), Sättigung des Binnenmarkts; Export von Produkten wie Textilien, Sperrholz und Bekleidung; Kompensation der notwendigen Kostensteigerung bei der Produktion durch das Vorhandensein des großen, spezialisierten Arbeitskräftepotenzials mit geringen Löhnen
- **3. Phase – Importsubstitution schwerindustrieller Zwischenprodukte:** Die zur Produktion leichtindustrieller Konsumgüter nötigen Investitionen hätten hohe Ausgaben für den Import von Investitionsgütern (Maschinen), Rohstoffen und Zwischengütern erfordert. Deshalb: Erzeugung von Zwischengütern (vor allem chemische Grundstoffe, Stahl und Zement) im eigenen Land, Freiwerden von Kapital für die dann noch notwendigen Rohstoffimporte
- **4. Phase – Produktion schwerindustrieller Güter für den Export:** Nachfragerückgang leichtindustrieller Konsumgüter auf dem Weltmarkt (bedingt durch höhere Zölle und steigende Konkurrenz), Herstellung neuer Produkte für den Export, so etwa Stahl, Schiffe, chemische Grundstoffe und Zement; weltweite Rezession in den 80er-Jahren des 20. Jahrhunderts und Missernten zwingen zu Neukonzipierung der Industrialisierung
- **5. Phase – Importsubstitution von Investitionsgütern:** Für den heimischen Markt werden nun Investitionsgüter wie etwa Elektrogeräte, Maschinen und Autos im eigenen Land hergestellt.
- **6. Phase – Produktion von Investitionsgütern für den Export:** Südkorea produziert nun zusätzlich Investitionsgüter für den Weltmarkt. Beispiele: Hyundai (Autos), PCs und Unterhaltungselektronik (z. B. Samsung)

Aus der Produktion hochwertiger Investitionsgüter erfolgen nach und nach (**Rückkoppelung, rückschreitende bzw. nachholende Produktion**) Ausweitungen der industriellen Produktionsbasis, das heißt die Herstellung von Autos baut gleichzeitig die Herstellung von Zwischenprodukten (z. B. Bleche, Kunststoff, Kleinteile etc.) aus. Heute ist Südkorea auf dem Gebiet der Kunstfaserherstellung und der Produktion chemischer Basisstoffe mit weltmarktführend.

Für die zahlreichen Investitionen in den verschiedenen Bereichen waren **enorme Investitionsvolumina** notwendig, welche anfänglich zum großen Teil durch ausländische Kreditgeber gedeckt wurden. In den 1960er-Jahren wurde Kapital durch den beginnenden Export erwirtschaftet, allerdings wurde die südkoreanische Wirtschaft hart von den Ölkrisen der 1970er-Jahre getroffen.

Südkorea ist **heute hoch verschuldet** (vor allem durch Kredite der USA, Japans und der Weltbank), kann aber bislang im Gegensatz zu vielen Entwicklungsländern seinen Schuldendienst (Zins und Tilgung) infolge der hohen Exporterlöse bezahlen. Aus diesen Tatsachen erwächst allerdings eine **weiterhin hohe Export- und Weltmarktabhängigkeit**.

Der **hohe Kapitalbedarf** und die **starke Weltmarktkonkurrenz** haben zur **Konzentration des Kapitals in Großkonzernen** (z. B. Hyundai, Samsung und Daewoo) geführt. In diesen Unternehmen herrschen teilweise **frühkapitalistische Arbeitsbedingungen** vor (kaum Mindestlöhne, fehlende Altersversorgung, hohe Wochenarbeitszeit mit bis zu 60 Stunden). Vergleichbar mit der Situation in Japan gibt es neben den Großbetrieben **Klein- und Kleinstunternehmen**. Diese verfügen über noch weniger soziale Absicherung, sind hauptsächlich **Zulieferer** für die Großkonzerne und fungieren deshalb in Krisenzeiten als **Konjunkturpuffer**.

Sozioökonomische Veränderungen

- **Verschiebung der Anteile der drei → Wirtschaftssektoren** am BSP:
  Daraus folgt: Verlagerung von Arbeitskraft des primären Sektors an die sekundären und (teilweise aufgeblähten) tertiären Sektoren.

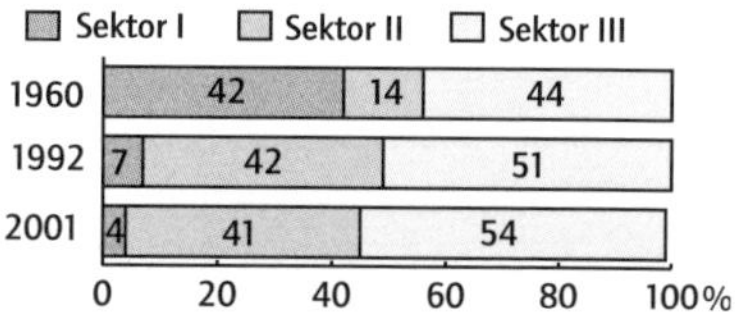

- **Anteile der Stadtbevölkerung** (über 50 000 EW) an der Gesamtbevölkerung: 1970: 41 %, 1992: 74 %, 2006: 84 %! Dieser enorme Anstieg ist zurückzuführen auf die hauptsächlich in den Ballungsräumen (z. B. Seoul, Pusan, Taegu) angesiedelten Arbeitsplätze des sekundären und tertiären Sektors. Zum Teil kam es zu unkontrolliertem Städtewachstum und den damit verbundenen Folgeerscheinungen (z. B. fehlende Bauplanung, Zersiedelung, enormer Flächenverbrauch und Flächenversiegelung, erhöhte Abgasbelastung durch den Verkehr, Müllentsorgungsproblematik, etc.).

- **Entwicklung des sozialen Systems:** Wie in vielen anderen Schwellenländern sind auch in Südkorea weiterhin gesellschaftliche und soziale Defizite festzustellen, da die Entwicklung des Sozialsystems nicht mit der Industrialisierungsgeschwindigkeit Schritt halten konnte.

MERKE ▪ **Schwellenland und Südkorea**

- **Definition Schwellenland, Transformationsland**
- **Voraussetzungen: hohes Arbeitskräftepotenzial, positive Einstellung zur Arbeit, geringe Analphabetenquote, niedriges Lohnniveau, lange Arbeitszeiten, geringe Anzahl von Urlaubstagen**
- **nachholende Entwicklung, sechs Phasen, Rückkoppelung, schrittweise Importsubstitution, Exportorientierung**
- **hoher Investitionsbedarf und Verschuldung, Weltmarkt- und Exportabhängigkeit**
- **betriebsstruktureller Dualismus: Großkonzerne, Klein- und Kleinstbetriebe**
- **starke Verschiebungen in den drei Wirtschaftssektoren, hohes Städtewachstum, hinterherhinkendes soziales System**

10.3 Sonderwege der wirtschaftlichen Entwicklung – Beispiel: China

Die Geschichte Chinas und seine wirtschaftliche Entwicklung als Ganzes abzuhandeln würde allein wohl mehrere Bände füllen. Dieses Kapitel beschränkt sich deshalb auf **Chinas wirtschaftspolitische Entwicklung** und die **Komponenten seiner Reformpolitik**.

Erschließung und politische Entwicklung

ZEITTAFEL	
vor 3000 bis 4000 Jahren	Erstbesiedlung an den Flüssen Janktsekiang und Huang He; Bildung kleinerer Staaten
11. Jahrhundert	das chinesische Reich bedeckt ganz Nordchina
Mittelalter	Erweiterung des Kaiserreichs nach Süden bis Kanton, Absicherung der Nordgrenze durch Erdwälle (später Chinesische Mauer); größte Ausdehnung um 1290 (mongolische Fremdherrschaft, 2,5fache heutige Größe = 25 Mio. km^2)

ZEITTAFEL	
um 1580	Ming-Dynastie (4,4 Mio. km²)
um 1890	Quing-Reich (11,1 Mio. km²)
1912	Sturz der Mandschu-Dynastie, Ende des Kaiserreichs, China wird Republik
1927 – 1936	Bürgerkrieg zwischen Kommunisten unter Mao Zedong und der Kuomintang
1937 – 1945	Kampf gegen die Invasion durch Japan
1945 – 1949	neuerlicher Bürgerkrieg; Sieg Mao Zedongs und Gründung der Volksrepublik China (9,7 Mio. km²)
1949 – 1956	Umgestaltung nach sozialistischem sowjetischem Vorbild; Enteignung, Liquidierung der Grundbesitzerklasse, Kollektivierung, Gründung von LPG (landwirtschaftlichen Produktionsgenossenschaften), Staatsmonopolisierung von Großindustrie, Banken und Handel, Beginn der Zentralverwaltungswirtschaft (Planwirtschaft)
Ab 1957	Phase der Unruhen durch die Auseinandersetzung zwischen Maoisten und Reformern; Maoisten wollen Bürokratismusabbau und Abkehr vom sowjetischen Vorbild, stattdessen **Mobilisierung der Massen**
1958	„**Der Große Sprung nach vorn**" (Versuch einer beschleunigten Entwicklung hin zum Kommunismus), Gründung von **Volkskommunen** (totale Aufhebung von Privateigentum und eigenen Rechten, Kollektivierung der Dörfer in Form von Produktionsbrigaden); **Dezentralisierungsversuche im Sinne einer Industrialisierung des ländlichen Raums** (z. B. Kleinhochöfen auf dem Dorf) misslingen; Misserfolge und Hungersnöte führen zu Prestigeverlust Maos
1966 – 1969	Mao initiiert „**Die Große Proletarische Kulturreform**" (Versuch der Abkehr von allen bisherigen Traditionen) als Mittel, das Land von den politischen Gegnern durch Rotgardisten zu säubern **1976:** Tod Maos, Machtkampf zwischen Reformern und **Viererbande**, die gestürzt wird; Rückkehr Deng Xiaopings in seine Ämter
Ab 1978	**Reformpolitik und Modernisierung**; Ziele: Leistungssteigerung in den drei Wirtschaftssektoren, Stärkung des Außenhandels, geringere staatliche Kontrolle, mehr Eigeninitiative, teilweise Einführung marktwirtschaftlicher Prinzipien; Rückgabe des enteigneten Landes an Bauernfamilien; Ablösung der Planwirtschaft zugunsten einer **sozialistischen Marktwirtschaft mit chinesischen Zeichen**

ZEITTAFEL	
1979	**Joint-Venture-Gesetz** (projektorientierte Zusammenarbeit mit ausländischen Unternehmen wird erlaubt); Einrichtung der ersten Wirtschaftssonderzone
1984	Industriereform und Öffnung von 14 **Küstenstädten**
1989	**Niederschlagung der Demokratiebewegung**
seit den 90er-Jahren	geplante Erschließung der peripheren westlichen Räume
2001 – 2005	**10. Fünfjahresplan:** Neuorientierung der Erschließung; Beachtung ökologischer und sozialer Gegebenheiten statt früherer reiner Rohstofferschließungsinteressen
ab 2006	verstärkte Weltmarktverflechtungen, Dominanz in schwerindustriellen Branchen, zweistellige jährliche Zuwachsraten im BIP

Chinesische Reformpolitik (ab 1979)

Landwirtschaft

- **Eigeninitiative für die Bauern** unter Nutzung marktwirtschaftlicher Aspekte (z. B. Genehmigung von Handwerksbetrieben als Zusatzeinkommensquelle, Übertragung des Bodennutzungsrechts)
- **Auflösung der Volkskommunen** und Schaffung von 92 000 Gemeindeverwaltungen
- Gründung von **landwirtschaftlichen Genossenschaften** (Verpachtung von Land für 15 Jahre an Familien, festgelegte Pacht-, Steuer- und Verwaltungsabgaben)
- Schaffung von **Anteilsgenossenschaften** (führen gewerbliche und industrielle Betriebe auf Dorf- oder Kreisebene)
- Gründung von **Bezugs- und Absatzgenossenschaften** (untergeordnete Institutionen der staatlichen Handelsorganisationen; sie regeln den Warenverkehr)
- **Gründung von Spar- und Kreditgenossenschaften** (arbeiten wie Banken und regeln den Geldverkehr auf Dorf- und Kreisebene)
- Schaffung von **spezialisierten, produktbezogenen Genossenschaften** (fördern Familien, deren landwirtschaftliche Tätigkeit sich auf besondere Anbau- und Produktionsformen, wie etwa Saatgutzüchtung oder Sonderkulturbau bezieht; diese Genossenschaften beraten, leisten Technologietransfer und organisieren die Vermarktung)

Industrie

- seit 1984 Öffnung und Modernisierung der industriellen Produktion als Teil einer **sozialistischen Marktwirtschaft** mit dem Ziel einer **stärkeren Exportorientierung**
- dabei aber Wahrung der bisherigen Besitzstrukturen: staatliche, **planwirtschaftlich organisierte Großbetriebe**, zusätzlich **Staatsbetriebe mit marktwirtschaftlicher Produktion**, zusätzlich **von Bauern kollektiv geführte Betriebe am Stadtrand**, zusätzlich **reine Privatbetriebe**, zusätzlich **Joint-Ventures** (Gemeinschaftsbetriebe mit ausländischen Unternehmen)
- staatlich planwirtschaftliche Produktion erfolgt bei wichtigen Energierohstoffen, Maschinen, chemischen Grundstoffen und Rüstungsgütern, marktwirtschaftliche Prinzipien gelten für alle anderen Industriebereiche, zusätzlich für Dienstleistungen und Handwerk

Wirtschaftsstruktur allgemein

- schnelle **Bedeutungszunahme der Wachstumszentren** (z. B. Shenzen, Zunhai, Hongkong, Weihei), deshalb Gefahr zunehmender räumlicher und sozialer Disparitäten; zunehmende **Autarkisierung der Regionen**
- Einrichtung von **Sonderwirtschaftszonen** (z. B. Shenzen): Abschottung gegenüber Binnenland; günstige Produktionsbedingungen (Investitionshilfen, Steuervergünstigungen) für ausländische Unternehmer; Ziel: Versuch, Know-how-, Kapital-, Management- und Innovationsimport aus dem Ausland; Hoffnung auf weitere Entwicklungsanreize durch Trickle-down-Effekte
- Ausweisung von **14 freien Küstenstädten** (z. B. Shanghai, Yantai): Ansiedlung von überdurchschnittlich produktiven Betrieben, Errichtung von Forschungszentren für die Entwicklung neuer Technologien, Ansiedlung von Joint-Venture-Unternehmen; Ziel: wie bei Sonderwirtschaftszonen, zusätzlich Modernisierung des Küstenraums; Handelsvergünstigungen, Steuererleichterungen, Bereitstellung von Arbeitskräften auf geringem Lohnniveau, Grund und Boden und anderen Produktionsfaktoren durch den Staat
- **2001: Beitritt Chinas zur WTO** (Welthandelsorganisation)

Folgen der Reform- und Öffnungspolitik

- enorme jährliche Steigerungsraten in der industriellen Produktion (in den 90er-Jahren durchschnittlich 9 %, ab 1995 2-stellige Zuwachsraten)
- starke Privatisierungstendenzen bei den Industriebetrieben (etwa 80 % sind kleine Industriebetriebe im ländlichen Raum)

- Die wenigen staatlichen Großbetriebe leisten über die Hälfte der Produktion und beschäftigen ca. zwei Drittel der Arbeitskräfte.
- Infolge fehlender Managementerfahrung arbeiten die Staatsbetriebe jedoch immer noch vergleichsweise unproduktiv (hoher Arbeitskräftebesatz, hohe Sozialleistungen).
- Das Lohnniveau bleibt für einen Großteil der Bevölkerung hinter der Inflationsrate zurück (sozialer und politischer Sprengstoff).
- Die erhoffte Entwicklung des Binnenlandes durch die Modernisierungsmaßnahmen ist bislang weitgehend ausgeblieben, da sich die Joint-Venture-Unternehmen vorwiegend auf die Küstenstädte und Sonderwirtschaftszonen konzentrieren (Verstärkung der räumlichen Disparitäten).
- Verselbstständigung der Wirtschaft gegenüber der Politik (Gefahr von schnellen politischen Entscheidungen innerhalb der kommunistischen Partei)

10.4 Transformationsprozesse beim Übergang von der Plan- zur Marktwirtschaft

Nach dem Niedergang der Sowjetunion und dem militärischen (Warschauer Pakt) und wirtschaftlichen (COMECON, RGW) Zerfall des Ostblocks versuchen die betroffenen Staaten, den Weg von der Zentralverwaltungswirtschaft (Planwirtschaft) zur Marktwirtschaft zu beschreiten. Diese als **Transformationsländer** bezeichneten Staaten lassen sich dabei in folgende Untergruppierungen unterteilen:

- **Mittelosteuropäische Länder (MOE):** Albanien, Bulgarien, Mazedonien, Kroatien, Polen, Rumänien, Slowakische Republik, Slowenien, Tschechische Republik, Ungarn
- **Baltische Länder:** Estland, Lettland, Litauen
- **GUS-Staaten:** Armenien, Aserbaidschan, Belarus, Georgien, Kasachstan, Kirgisische Republik, Moldau, Russland, Tadschikistan, Turkmenistan, Ukraine, Usbekistan

Die Anpassungserfolge sind bisweilen sehr unterschiedlich verlaufen. Während die MOE und die baltischen Staaten recht zügig einen marktwirtschaftlichen Anschluss an den Westen zumindest initiieren konnten, hinken die ehemaligen Teilstaaten der UdSSR in ihrer wirtschaftlichen und sozialen Entwicklung noch stark hinterher.

Volkswirtschaftliche Hauptelemente des Übergangsprozesses

- **Preisliberalisierung:** Preise werden nun durch freie Märkte bestimmt. Die ehemaligen Handelsschranken, die die Preise vom Weltmarkt abgeschottet hatten, werden jetzt gesenkt.
- **Makroökonomische Stabilisierung:** Direkt nach dem Zerfall des Ostblocks schossen die Preise infolge der aufgestauten Nachfrage in die Höhe. Eine makroökonomische Stabilisierung zielt deshalb in erster Linie auf die Bekämpfung der Inflation ab. Hierzu sind disziplinierte Regierungshaushalte notwendig.
- **Umstrukturierung und Privatisierung:** Tragfähige Finanzsektoren müssen geschaffen, bisherige Staatsunternehmen privatisiert und in privatwirtschaftliche Betriebe (Landwirtschaft, Industrie und Dienstleistungen) transformiert werden.

Reformen in der Umbruchphase am Beispiel Polens

ZEITTAFEL	
1989	Herabfahren staatlicher Subventionen; freie Nahrungsmittelpreise
1990	Preisfreigabe; Restriktionen Steuer-, Lohn- und Geldpolitik; Wegfall des staatlichen Außenhandelsmonopols; erstes Privatisierungsgesetz
1991	Joint-Venture-Gesetz; Einführung Handelsgesetzbuch; Preisanstieg bei Energiekosten und öffentl. Leistungen; Eröffnung Wertpapierbörse; Zulassung ausländischer Banken; Privatisierung des Bankenwesens; Zulassung von Gewinntransfers bei Direktinvestitionen; Massenprivatisierung
1992	Importzölle für Konsumgüter
1993	große Steuerreform; Mehrwertsteuer; Wettbewerbsrecht
2004	EU-Beitritt

- **Rechtliche und institutionelle Reformen:** Eine Neudefinition der Rolle des Staats muss erfolgen, rechtsstaatliche Strukturen müssen aufgebaut und eine Orientierung hin zu einer angemessenen Wettbewerbspolitik muss erfolgen.

Problembereiche der Transformation

Auflösung des RGW/COMECON (Rat für gegenseitige Wirtschaftshilfe, 1949 – 1991)

- Zusammenbruch der Sowjetunion mündet in den Zwang, sich schnell politisch, wirtschaftlich und militärisch umzuorientieren.
- Kappung der bisherigen Energie- und Rohstoffversorgung der ehemaligen RGW-Staaten von der früheren Sowjetunion
- enorme Schwierigkeiten, sich von der bisher gewohnten Planwirtschaft auf marktwirtschaftliche Prinzipien umzustellen (Informations- und Managementdefizit)
- Zusammenbruch von Beschaffungs- und Absatzmärkten in den ehemaligen Ostblockstaaten
- einstige Satellitenstaaten brechen Importtätigkeit aus der SU zugunsten einer Umorientierung auf den Weltmarkt ab (strukturelle Folgen für GUS-Staaten)
- unterschiedlich stark ausgeprägte Außenhandelsverflechtungen ergeben unterschiedliche Startbedingungen (Ungarn war 1990 in seinem Handelsvolumen bereits zu 50 % mit dem Ausland, die ehemalige Sowjetunion nur zu 7 % verflochten.)

Allgemeinwirtschaftliche Probleme und Auswirkungen

- enormes Altlastenproblem (z. B. verseuchte Böden auf ehemaligen Chemiestandorten, verarmte Böden in ehemaligen landwirtschaftlichen Kollektivbetrieben)
- Zahlungsunfähigkeit ehemaliger Ostblockhandelspartner, deshalb Notwendigkeit zur Erschließung neuer Märkte ohne Managementerfahrung
- enormes Bürokratismuserbe, Notwendigkeit zum Abbau des riesigen Personalüberhangs und Risiko hoher Arbeitslosigkeit
- rückständige Infrastruktur: Notwendigkeit zum Aufbau/zur Erneuerung des Verkehrs- und Kommunikationswesens und des Wohnungsbaus

Nationalitäten- und Kulturkonflikte → Beispiel ehemaliges Jugoslawien

- Verflechtung vieler Volksgruppen auf engem Raum, unterschiedliche ethnische Lebensweisen, Minoritäten in Enklavegebieten
- Zugehörigkeit zu verschiedenen Religionsgemeinschaften, z. B. Slowenen und Kroaten (Christen), Serben (serbisch-orthodoxe Christen), Muslime in Bosnien-Herzegowina

- Kulturell unterschiedliche Prägungen: Slowenen: seit Eroberung durch die Franken unter deutschem Einfluss, Kroaten: ursprünglich mit Ungarn vereint (ab 1102), später Teil des Habsburgerreiches, Entwicklung einer Gegenbewegung gegen das Osmanische Reich, Serben: nach der Schlacht auf dem Amselfeld (1389) über 400 Jahre unter islamischem Einfluss, dadurch Isolation von europäischen Geistesströmungen (z. B. Reformation, Humanismus, Aufklärung), Ende des 19. Jahrhunderts Neuorientierung an Russland

Probleme in der Landwirtschaft – Beispiel Polen

- allgemein äußerst langsame Geschwindigkeit bei der Umstrukturierung (Überführung ehemaligen Staatsbesitzes in Privateigentum, Technologietransfer) durch Kapital- und Know-how-Mangel
- teilweise zu große landwirtschaftliche Nutzfläche (Kollektiv- und Genossenschaftsbetriebe besaßen zum erheblichen Teil geringe Produktivität)
- ausgelaugte Böden infolge starker, teilweise nicht angepasster Bodennutzungssysteme der Vergangenheit
- vergleichsweise geringer Mechanisierungsgrad und geringer Einsatz von Düngemitteln und Pestiziden, vorwiegend infolge anfänglichen Kapitalmangels
- Verlust der früheren Einkommensgarantie für Landwirte seit der Freigabe der Preise
- Überflutung des Marktes durch EU-Agrarprodukte; zwar vielfach höheres und diversifizierteres Angebot, jedoch zu hohen Preisen
- fehlende Absatzmärkte für einheimische Produkte auf den bereits überladenen EU-Märkten
- hohe Brachanteile
- erst allmählich einsetzende Strukturhilfsprogramme

Transformation in der Industrie
→ Beispiel Ungarn

- Genehmigung von Privatbetrieben bereits 1988, Umwandlung von staatlichen Großbetrieben in Aktiengesellschaften
- konsequente marktwirtschaftliche Orientierung
- Einführung eines Mehrparteiensystems unmittelbar nach der Grenzöffnung
- Absinken der Industrieproduktion nach dem Zerfall des Ostblocks, Rückfall im Jahre 1990 auf den Wert von 1972

- Subventionsabbau, Konkurrenz aus dem Ausland, sinkende Binnennachfrage infolge sinkender Kaufkraft, steigende Importkosten für Roh- und Energiestoffe
- Privatisierungsbestrebungen von Industriebetrieben mit staatlicher Unterstützung
- Förderung von Joint-Ventures, Aufwärtsentwicklung der Industrie seit Mitte der 90er-Jahre

Mit dem EU-Beitritt eines Großteils der Ostblockländer (außerhalb der ehemaligen Sowjetunion) im Mai 2004 ergeben sich für die Transformationsländer zukünftig mit Sicherheit neue Chancen der wirtschaftlichen, sozialen und politischen Entwicklung. Es bleibt momentan zu befürchten, dass die Länder der Gemeinschaft unabhängiger Staaten (ehemalige Sowjetrepubliken, sie sind keine EU-Länder!) gegenüber den MOE ins Hintertreffen geraten könnten.

CHECKLISTE

10 Schwellenländer

- **Begriffsbestimmung Schwellenland und Transformationsland**
- **die Entwicklung eines Schwellenlandes exemplarisch kennen (z. B. Südkorea): nachholende Entwicklung, Exportorientierung und weltwirtschaftliche Integration; wirtschaftliche Veränderungen und sozioökonomischen Wandel beschreiben können;**
- **den Sonderweg Chinas beschreiben und erläutern können: Phasen der politischen Entwicklung, Reformpolitik, Aufstieg zur Wirtschaftsmacht, Folgen für die Weltwirtschaft**
- **Transformationsprozesse beim Übergang zur Marktwirtschaft erläutern können**
- **Problembereiche der Transformation und zukünftige Entwicklungschancen und -risiken darstellen können**

11 Raumrelevante Prozesse und Probleme in höher entwickelten Räumen

Die in höher entwickelten Räumen in der jüngeren Vergangenheit bis heute stattfindenden Prozesse führen zu einem tiefgreifenden Strukturwandel in allen wirtschaftlichen Sektoren und verursachen so sozioökonomische Veränderungen.
Um diese besser verstehen zu können, sind Kenntnisse über die klassische Entwicklung eines Industrielandes in der Vergangenheit (z. B. England), der Strukturwandel derzeitiger Prägung in anderen europäischen Staaten und die Veränderungen im Wirtschaftsland Nummer 1, den USA, notwendig.

11.1 Gliederung der Wirtschaft in Sektoren

Hauptaufgabe der Wirtschaft ist die Deckung des menschlichen Bedarfs an Gütern, wobei Güter Produkte und Dienstleistungen sind.

Die Wirtschaft wird in die drei folgenden **Wirtschaftssektoren** untergliedert:

Wirtschaftssektoren:

Primärer Sektor	Sekundärer Sektor	Tertiärer Sektor
stellt Roh- und Grundstoffe zur Weiterverarbeitung im sekundären Sektor bereit	produzierendes Gewerbe, Weiterverarbeitung	Dienstleistungssektor; wirtschaftliche und staatlich/kommunale Dienstleistungen, die der Versorgung mit materiellen und immateriellen Gütern und deren räumlicher Verteilung dienen
Bergbau, Fischerei, Forstwirtschaft, Landwirtschaft	Industrie, Handwerk und Energiegewinnung	Handel, Verwaltung, Verkehr, Kommunikation, Bildung, private Dienstleistungen, Sozial- und Rechtswesen

11.2 Wirtschaftlicher Wandel nach Fourastié

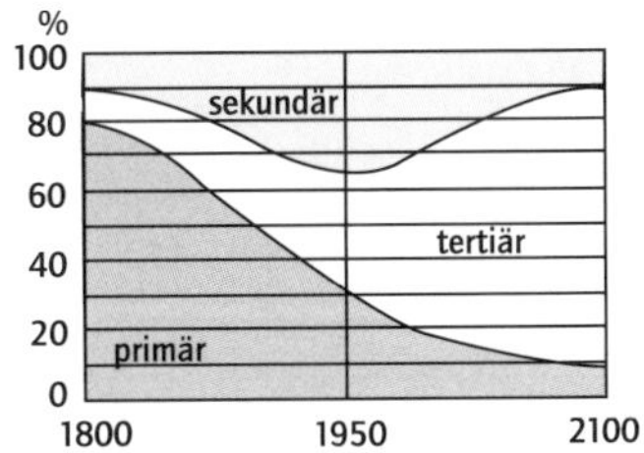

Die Abbildung zeigt die Entwicklung der Wirtschaftssektoren (Anteile der Beschäftigten) nach **Fourastié**. **Vor- bzw. frühindustrielle Phase:** Großteil der Bevölkerung im primären Sektor (vor allem Landwirtschaft), Notwendigkeit zur **Selbstversorgung (Subsistenzwirtschaft) Fehlen eines starken industriellen und Dienstleistungssektors** (kaum städtische Ballungszentren im eigentlichen Sinne); **hochindustrielle Phase:** Schaffung überdurchschnittlich vieler Arbeitsplätze in Städten und Industrierevieren; ländliche Räume verlieren durch **Mechanisierungsmaßnahmen in der Landwirtschaft** und den **Übergang zur spezialisierten Marktorientierung** viele Arbeitsplätze. Im Anschluss an diese Phase: Abnahme der Anzahl der Industriearbeitsplätze in Richtung einer **postindustriellen Gesellschaft** infolge **ständig steigender Produktivität** und **Rationalisierungsmaßnahmen**; **steigender Wohlstand**, **neue Technologien**, **allgemeine Zunahme menschlicher Aktivitäten** verlangen **nun immer mehr Dienstleistungen**. Dominanz des tertiären Sektors in der Hochphase der postindustriellen oder Dienstleistungsgesellschaft; rasante Entwicklung im Informations- und Kommunikationsbereich, daher die Begriffe **Informations- und Kommunikationsgesellschaft**.

11.3 Agrarsozialer Wandel in Deutschland

Struktureller Wandel der deutschen Landwirtschaft: Anpassungsprozess an veränderte Produktionsbedingungen mit starken Veränderungen der Kulturlandschaft, der landwirtschaftlichen Nutzung und des räumlichen, wirtschaftlichen und gesellschaftlichen Umfelds

Grunddaten der heutigen Landwirtschaft (2010)	
Agrarfläche	16,8 Mio. Hektar Ackerland (davon 11,7 Mio. ha Ackerland, 4,7 Mio. ha Dauergrünland)
Arbeitskräfte	1,1 Mio. (davon 750 000 in Familienbetrieben)
Ernteerträge in Mio. Tonnen	Getreide: 46,1; Gemüse: 2,6; Obst: 1,3

Strukturen landwirtschaftlicher Betriebe Betriebsgrößenstruktur landwirtschaftlicher Betriebe				
Landwirtschaftlich genutzte Fläche (LF) von ... bis unter ... ha	**2003**		**2007**	
	Betriebe (Anzahl)	**LF (ha)**	**Betriebe (Anzahl)**	**LF (ha)**
unter 2	32 603	26 190	25 476	20 389
2–5	70 642	236 329	60 405	203 378
5–10	62 166	449 975	52 685	382 280
10–20	77 528	1 150 245	67 848	1 013 242
20–30	39 817	988 336	34 314	852 228
30–40	31 204	1 083 370	27 367	950 861
40–50	23 345	1 044 279	21 141	946 024
50–75	36 257	2 215 723	34 536	2 114 573
75–100	18 672	1 607 481	18 863	1 626 029
100 und mehr	28 463	8 206 038	31 879	8 845 325
Insgesamt	**420 697**	**17 007 968**	**374 514**	**16 954 329**

Quelle: Statistisches Bundesamt

Traditionelle Merkmale vor dem Strukturwandel

- **Siedlungs- und Flurformen**
  Altsiedelland: dauerhafte Besiedlung seit frühem Mittelalter, heutige Ortsendungen -ingen, -ing, -heim, -leben und -stedt; Haufendörfer ohne geregelte Anordnung der Häuser; Gewannfluren (Anbauflächen mit gemeinschaftlicher Bewirtschaftung)
  Jungsiedelflächen: ab 8. Jh., auf kirchlichen und grundherrlichen Besitztümern; heutige Ortsendungen: -zell, -rod, -reuth, -rode, -schwend (Agrarflächen durch Rodung), -deich, -damm (Neulandgewinnungsflächen in Norddeutschland); Siedlungsformen: Streusiedlungen, Gruppensiedlungen mit Einzelhöfen; Flurform: Blockfluren, Hufendörfer (Einzelhöfe in geordneter Form entlang Verkehrslinien)
- **Erbrechtsformen**
  Anerbenrecht: Landbesitz geht ohne Teilung an einen Erben, meist den Erstgeborenen; **Realteilungsrecht:** Fläche wird entsprechend der Anzahl der Erben geteilt und weitergegeben, besonders in Südwestdeutschland (Hessen und Franken) verbreitet. Probleme: Kleinparzellierung und Flurzersplitterung, größerer Arbeitsaufwand durch längere Anfahrtswege

- **Beispiele von Bodennutzungsarten:**
  Feld-Gras-Wirtschaft: Flächennutzung mehrjährig lang als Ackerland, dann als Grünland; Ziel: Vermeidung starker einseitiger Bodenauslaugung, Einsparen künstlicher Düngergaben; Verbreitung: Küstenbereiche mit höheren Niederschlägen, Gebirgslandschaften
  Dreifelderwirtschaft: Ziel: Erhaltung der Bodenfruchtbarkeit im Anbauzyklus Wintergetreide – Sommergetreide – Brache; zusätzlich rotierendes Verschieben der Anbauflächen; verbesserte Dreifelderwirtschaft ab dem 19. Jahrhundert: Zwischenfrucht (z. B. Klee, Rüben, Luzerne, Kartoffeln) statt Brache, dadurch erhebliche Erntesteigerungen

Der landwirtschaftliche Strukturwandel seit dem 20. Jahrhundert

Hauptmerkmale: Übergang von der **Selbstversorgerwirtschaft (Subsistenzwirtschaft) zur marktorientierten Produktion**, **Spezialisierung** (Beschränkung des Anbaus innerhalb eines Betriebs auf wenige, marktorientierte Produkte, Rentabilitätserhöhung), **Intensivierung**, Erhöhung der Arbeits- und Flächenproduktivität, höherer Einsatz an Düngemitteln und Pestiziden, Einsatz von Maschinen (**Mechanisierung**); zusätzliche Saatzuchtverbesserung, bessere Bodenbearbeitungsverfahren

Teilprozesse des Strukturwandels

Produktivitätssteigerung: Produktivität = Produktionsmenge im Verhältnis zum Produktionsaufwand; 1950: ein Landwirt ernährt 10 Einwohner; 2006: 158 Menschen; Produktivitätssteigerung auf Intensivierungs-, Spezialisierungs- und Mechanisierungstendenzen rückführbar
Mechanisierung: zweifach produktionssteigernd durch steigende Anzahl landwirtschaftlicher Geräte und Maschinen und ständige Qualitätsverbesserung und technologische Weiterentwicklung; Verachtfachung der Traktorenanzahl (1950 – 1980), dann Sinken infolge technologischer Verbesserungen (Einsatz des Traktors als Zug- und Antriebsmaschine für viele landwirtschaftliche Bearbeitungsgeräte)
Tierzucht: Verbesserungen in der Stallhaltung, Bestandsvergrößerung pro Fläche durch verbesserte Hygiene, schnelleres Wachstum durch Züchtungsverbesserungen, bessere tiermedizinische Versorgung, höhere Krankheitsresistenz, bessere Futterverwertung; Probleme: Verstöße gegen Tierhaltungsbestimmungen, Hormongaben, Massentierhaltung

Kunstdünger und Pflanzenschutz: Verachtfachung der eingesetzten Düngermenge zwischen 1945 und 1991, Verzwanzigfachung der eingesetzten Menge an Pflanzenschutzmittel; Rückgang seitdem infolge wirksamerer Pestizide und resistenterer Pflanzen

Pflanzenzucht: umweltresistentere (gegen Kälte, Wind, Hitze, bzgl. Wasserbedarf) Sorten; Entwicklung von Pflanzen mit höherem Ertragsreichtum und höherer Standfestigkeit; Züchtung von Hybridsorten (Verbesserung der Sorten durch besondere Kreuzungsverfahren)

Intensivierung des Anbaus: veränderte Produktionsfaktoren (Boden, Arbeit und Kapital); Erhöhung der Flächenintensität z. B. durch ertragsreichere Sorten, Kapitalintensität infolge höheren Mechanisierungsgrads; Intensivierung führt zu geringerem Arbeitsaufwand pro Hektar, gleichzeitig Anstieg des Kapitaleinsatzes (z. B. für Maschinen)

Extensivierung (spielt seit ca. 25 Jahren wieder eine größere Rolle): Flächenstilllegung, Übergang vom Hackfrucht- zum Getreideanbau oder gewollter Flächenertragsrückgang zur Qualitätssteigerung

Spezialisierung: Teilprozess der Rationalisierung; Konzentration auf Anbaufrüchte, deren Anbau unter den gegebenen klima- und bodengeografischen Gegebenheiten optimale Ergebnisse bringt

Vergrünlandung (durch Aufgabe von Ackerland) aufgrund von: Verlagerung des Getreideanbaus auf hochwertigere Böden (seit Einführung des Kunstdüngers Mitte des 19. Jh.); Aufgabe ertragsschwacher Gebiete (z. B. Mittelgebirge, Alpenhänge); höherer Grünlandbedarf für die Erzeugung tierischer Produkte wegen des raschen Städtewachstums

Massentierhaltung: in der Diskussion um artengerechte Tierhaltung umstritten, allerdings zur Senkung der Verbraucherpreise erwünscht; auf viel kleineren Flächen wird heute ein Vielfaches an Tieren gehalten (Beispiele: Schweinezuchtbetriebe, Legehennenbatterien); Massentierhaltung ist aufgrund des enorm gestiegenen Fleischverbrauchs in Deutschland seit Ende des Zweiten Weltkrieges notwendig geworden

Übergang zu Formen des Agrobusiness: in den USA bereits seit den 1970er-Jahren; landwirtschaftliche Produktion unter Einsatz moderner Anbauarten, Agrartechnologien bei starker horizontaler und vertikaler Verflechtung der Produktionswege; Landwirte verpflichten sich zur Lieferung von Produkten an einen Betrieb der Nahrungsmittelindustrie zu einem bestimmten Zeitpunkt in einer bestimmten Menge; vorher festgesetzte Garantiepreise; dadurch Minimierung von Absatzrisiken für den Landwirt, aber wachsendes Risiko wirtschaftlicher Abhängigkeiten

Bedeutungszunahme des ökologischen Landbaus: geschlossene betriebliche Kreisläufe (z.B. Rückführung von Stallmist zur Biogasherstellung), Schonung der Ressourcen Tier, Pflanze und Boden; in Deutschland und EU strenge Produktionsvorschriften; 2007 etwa 18000 Betriebe in Deutschland, allerdings lediglich 5% der Anbaufläche; Beispiele Nutztierhaltung: Veredelung durch ökologisch erzeugte Futtermittel, festgesetzte Besatzdichtegrenzen, Auslaufmöglichkeiten, homöopathische/phytotherapeutische Behandlung von Krankheiten; Beispiele Pflanzenproduktion: Verzicht auf chemische Pflanzenschutzmittel, Verbot der Verwendung gentechnisch veränderter Pflanzenarten, Verzicht auf mineralische Düngemittel, etc.
Veränderung der Betriebsgrößenstruktur: tendenziell Vergrößerung der Durchschnittsflächen infolge Intensivierung, Mechanisierung, Spezialisierung; sinkende Rentabilität bei kleineren Betrieben, Zupacht und Zukauf durch Großbetriebe; Betriebsaufgabe bei kleinen landwirtschaftlichen Unternehmen; Überführung kleiner Betriebe in Zu- und Nebenerwerbsbetriebe; rapide Abnahme der landwirtschaftlichen Arbeitskräfte infolge Rationalisierungs- und Mechanisierungsmaßnahmen
Veränderte Anteile bei Voll-, Zu- und Nebenerwerbsbetrieben: ein Zuerwerbsbetrieb erwirtschaftet mehr als die Hälfte des Jahresfamilieneinkommens, Rest aus landwirtschaftsfremden Tätigkeiten; Nebenerwerbsbetrieb erwirtschaftet weniger als die Hälfte des Familieneinkommens, größerer Teil aus betriebsfremden Tätigkeiten; rapider Anstieg der Zu- und Nebenerwerbsbetriebe nach dem 2. Weltkrieg
Flurbereinigungsmaßnahmen: Planung/Durchführung ab 50er-Jahren; Ziel: Verbesserung der Arbeits- und Produktionsbedingungen, bessere Landschaftspflege; durch Realteilung geprägte Gebiete (Flurzersplitterung) erforderten Maßnahmen zur Rentabilisierung; Arrondierung: Flächenzusammenlegung und -neuordnung; Anlage/Neuordnung des Wegenetzes, Entwässerung staunässegefährdeter Bereiche, Hof-Aussiedlung bei beengter Dorflage, Dorferneuerung, Landschaftspflege
Bedeutungszunahme nachwachsender Rohstoffe: (Non-Food-Bereich) soll Problem der Begrenztheit fossiler Energien lösen; Vorteil: CO_2-Haushalt nicht weiter belastet, da nur so viel Kohlenstoffdioxid frei wird, wie vorher von Pflanzen gespeichert wurde; Bioethanol, Rapsöl-Methyl-Ester für Dieselmotoren; Stärke aus Mais, Kartoffeln, Erbsen, Zucker aus Zuckerrüben, Zuckerhirse; Öle und Fette aus Raps, Sonnenblumenkernen, Lein, Mohn, Senf; Fasern aus Flachs und Hanf

MERKE ▪ Problemfelder in der deutschen Landwirtschaft

- Wettbewerbsdruck in der EU, Überproduktion, hoher Investitionsbedarf, niedrige Agrarpreise, Preisverfall (1 kg Weizen 1960 21 ct; 2006 13 ct)
- geringe Chancen auf Einkommenserhöhungen ohne Subventionierung; Diskrepanz zwischen landwirschaftlichem und industriellem Einkommen
- steigende Umweltbelastungen: hohe Düngermengen führen zur Eutrophierung von Böden und Oberflächengewässern; Grundwasserbelastung durch Pestizide; Bodenverdichtung durch schwere Maschinen, etc.
- Problembereiche innerhalb der Europäischen Union (z. B. Folgen der Milchkontingentierung, Butterberg, Milchsee usw.)
- Massenproduktion, wachstumsfördernde und krankheitshemmende Stoffe führen zu einer erhöhten Belastung der Nahrungsmittelkette mit Fremdstoffen; das angestammte Konsumverhalten (z. B. große Mengen Fleisch zu billigen Preisen) verhindert noch ein ökologisches Umdenken

INSIDER-TIPP ▪ Strukturwandel in der LW

Der strukturelle Wandel in der deutschen Landwirtschaft unterliegt in seiner Chronologie zwei unterschiedlichen Faktorenfeldern, die Sie bewusst unterscheiden sollten. Zum einen führten Prozesse wie Mechanisierung/Automatisierung, Spezialisierung und Intensivierung im 20. Jahrhundert zu einem grundlegenden Wandel landwirtschaftlicher Produktion, zum anderen unterliegt die Herstellung landwirtschaftlicher Produkte heute einer zunehmenden Integration in global stattfindende Prozesse und Regionalisierungstendenzen. So muss landwirtschaftliche Produktion heute zunehmend im Konfliktfeld eines regionalen Wettbewerbs (z. B. EU versus Nordamerika), aber auch in thematischen Spannungsfeldern (z. B. konventioneller Landbau versus ökologischer Landbau) betrachtet werden.

Strukturwandel der US-amerikanischen Landwirtschaft seit Mitte des 20. Jahrhunderts

- **Allgemeine Merkmale und Tendenzen**
  - kostenoptimierte, rationelle Produktionsweise
    Abnahme der landwirtschaftlichen Nutzfläche (1950: 450 Mio. ha, 1999: 423 Mio. ha), der Betriebszahl (1930: 7 Mio., 1999 2 Mio.) bei gleichzeitiger Vergrößerung der durchschnittlichen Betriebsgröße (1930: 61 ha, 1999: 196 ha)
  - Abnahme des Arbeitskräftebesatzes absolut (1930: 12 Mio. Arbeitskräfte, 1999: 2,9 Mio.) und pro Flächeneinheit, sinkender Arbeitsaufwand infolge Mechanisierung und Intensivierung (Baumwolle 1940: 202 Stunden pro Jahr und ha, 1999: 13,7 Stunden)
  - steigende Arbeitskraftproduktivität (eine landwirtschaftliche Arbeitskraft ernährte 1940 18 Personen, 1999 97 Personen)
  - extrem hoher Mechanisierungs- und Intensivierungsgrad, intensiver Einsatz von Pestiziden und Kunstdünger
  - starke Flächenausweitungen im Westen durch Vergrößerung der Bewässerungsfläche (2000: 8,5 % der LNF)
  - hohe absolute Produktion, steigende Flächenerträge (Mais: 1940 19,2 dt/ha, 1999 68,4 dt/ha)
  - regional unterschiedliche durchschnittliche Betriebsgrößen (zum Vergleich: Nordosten: 50 – 70 ha, Mittlerer Westen 1700 ha)
  - Duale Struktur bei den Betriebsgrößenklassen: hoher zahlenmäßiger Anteil kleiner Farmen, kleine Anzahl großer landwirtschaftlicher Betriebe (2000: drei Viertel der Agrarproduktion werden allein von den 50 000 größten Farmen erwirtschaftet)
  - zunehmende Bedeutung moderner Saatzucht (z. B. Hybridisierung) und der Gentechnologie
  - große Bedeutung des Lohnunternehmertums (Dienstleister, die gegen Gebühren Teilarbeiten verrichten, wie etwa Mähdreschen; harvesting companies)
  - steigender Kapitaleinsatz für Intensivierungs- und Mechanisierungsmaßnahmen
  - große Bedeutung von Leasing-Verträgen bei den Landmaschinen
- **Veränderungen bei landwirtschaftlichen Organisationsformen**

Die **Family Size Farm**, ein mittelgroßer Familienbetrieb, den es auf der Grundlage der ersten Landvermessungen und Landvergabeverfahren seit der

Kolonisierungsepoche gab, spielt auch heute noch eine wichtige Rolle in der US-amerikanischen Landwirtschaft. Infolge der landwirtschaftlichen Überproduktion und des daraus resultierenden Preisverfalls bei Agrargütern bei gleichzeitig hoher Verschuldung wurden in den vergangenen Jahrzehnten allerdings immer mehr Farmen aufgegeben (Farmsterben). Viele der ehemaligen Farmen werden heute nur noch in **Kooperationen** oder als **Nebenerwerbsbetriebe** geführt.

Besonderheiten: **Sidewalk Farmer** bewirtschaften ihre Flächen nebenberuflich, leben in der Stadt und gehen dort hauptberuflich einem anderen Beruf nach. **Suitcase Farmer** leben bis einige hundert Kilometer von ihren Feldern entfernt, bewirtschaften diese aber hauptberuflich, allerdings nur während der Saat- und Erntezeiten.

Gleichzeitig zeigt sich in der US-amerikanischen Landwirtschaft ein starker Trend zu **agroindustriellen Unternehmen** mit starker vertikaler und horizontaler Verflechtung. Unter **Agrobusiness** versteht man eine Produktionsstruktur, bei der neben der Landwirtschaft auch die mit ihr verflochtenen Wirtschaftsbereiche (Zulieferbetriebe, Verarbeitungsunternehmen und Absatzorganisationen) zusammengefasst sind.

Contract Farms (Kontrakt- oder Vertragsfarmen): sie sind in die agroindustrielle Produktionskette eines Großunternehmens eingebunden, welches Saatgut, Düngemittel und die Produktionsvorgaben an die Farm weiterleitet und für die Vermarktung sorgt. Die Vertragsfarm stellt Anbaufläche, Arbeitskräfte und Maschinen zur Verfügung.

Corporate Farms: Großunternehmen, die schwerpunktmäßig außerhalb der Landwirtschaft tätig sind (Fluggesellschaften, Energiekonzerne), sich aber auch an der landwirtschaftlichen Produktion beteiligen. Sie verfügen über einen äußerst hohen Kapitaleinsatz und eine hohe Innovationsbereitschaft, bringen dabei ihre hohen vorhandenen Managementqualitäten ein und können zwischenzeitliche Verluste durch ihr Hauptgeschäft kompensieren (Pufferfunktion).

Vertikale agroindustrielle Verflechtung: Konzentration aufeinander abfolgender Produktionsschritte (Teilbetriebe) in einer Organisation/einem Unternehmen, z. B. in der Hähnchenmast: Brutbetrieb, Futtermittelbetrieb, Mastbetrieb, Schlachtbetrieb, Verarbeitungsbetrieb, Vermarktungsorganisation.

Der Trend zur agroindustriellen Produktion ist anhaltend. Die gesamte Geflügelproduktion der USA erfolgt de facto heute auf diese Weise. Die Hauptmerkmale der Agroindustriebetriebe sind dabei hoher Kapitaleinsatz, hoher Technologieeinsatz, extremste Spezialisierung und Massenproduktion.

MERKE ▪ **Strukturwandel in der US-Landwirtschaft**
- **landwirtschaftliche Belts (Entstehung, Veränderung, Auflösung)**
- **Merkmale des Strukturwandels**
- **neue Organisationsformen und agroindustrielle Produktion**

11.4 Industrie und Industrialisierung

Industrie (von lateinisch *industria* = Fleiß): aus dem Handwerk hervorgegangene Form wirtschaftlicher Aktivitäten zum Zweck der Verarbeitung von Rohstoffen zu halb fertigen und fertigen Produkten; im Vergleich zum Handwerk, wo ein Produkt aus aufeinanderfolgenden Arbeitsschritten vom Rohstoff bis hin zum Fertigprodukt aus einer Hand/wenigen Händen hergestellt wird, zeigt die Industrie folgende Hauptmerkmale: **Massenproduktion** (dadurch Verteilung der Fixproduktionskosten auf viele Produkte, Kostenminimierung), hoher **Mechanisierungsgrad** (Verkürzung ansonsten langwieriger Produktionsabläufe), hoher Grad der **Arbeitsteilung** (Zerlegung der Produktion in schnell abarbeitbare, aufeinanderfolgende Einzelschritte), **Spezialisierung** (Konzentration eines Unternehmens auf wenige Produkte oder auf Produkte einheitlicher Branchen) und, neben spezialisierten Fachkräften, auch **Einsatz angelernter und ungelernter Arbeitskräfte**.

Industrialisierung: Prozess, bei dem von der dominierend handwerklichen auf die industrielle Fertigung übergegangen wurde. Die frühindustrielle Phase beginnt in Europa in den Manufakturen und in den gewerblichen Großbetrieben ohne Maschinen mit vorwiegender Handfertigung. Technische Erfindungen (z. B. Entwicklung der Dampfmaschine durch Newcomen und Watt von 1705 – 1775, der mechanischen Spinnmaschine durch Hargreaves 1765, des mechanischen Webstuhls durch Cartwright 1784, der Baumwollreinigungsmaschine durch Whitney 1792) initiieren diesen Prozess. Die Industrialisierung verändert besonders in ihrer Hochphase ausgehend von England (18. Jahrhundert) über Frankreich in weiteren Teilen Europas, schließlich auch in Nordamerika das gesamte Wirtschafts- und Sozialgefüge der betroffenen Länder. Industrialisierung im modernen Sinn bezeichnet den Prozess der Expansion von Produktionsbereichen, in denen moderne, technische Verfahren Anwendung finden.

Industrielle Revolution: Sie bezeichnet die mit enormer Geschwindigkeit vorangetriebenen wirtschaftlichen, gesellschaftlichen und demografischen Veränderungen besonders während der Hochindustrialisierungsphase im 19. Jahrhundert, so etwa das Freiwerden von Arbeitskräften im ländlichen Raum infolge der Mechanisierung der Landwirtschaft, die damit einsetzende Land-Stadt-Wanderung in die entstehenden Industriereviere, die hieraus folgende Wohnraumknappheit und teilweise soziale Verelendung in den Städten, aber auch die Entwicklung von Maschinen und maschinellen Produktionsweisen.

Rolle des Verkehrs- und Transportwesens

Die Entwicklung eines Transportnetzes spielte während der Industrialisierung eine mitentscheidende Rolle. Schon Mitte des 18. Jahrhunderts verfügt England über 1700 km Binnenwasserstraßen, auf denen die riesigen Mengen an Kohle und Eisenerz transportiert werden konnten. Die erste Eisenbahnlinie wird in England 1825 in Betrieb genommen. Bis 1880 entstanden in England 29 000 km, in Deutschland 34 000 km und in den USA 150 000 km Eisenbahnlinien. Besonders der Eisenbahnbau besaß infolge seines hohen Kapitalbedarfs enorme Auswirkungen auf die Entwicklung des Banken- und Börsenwesens. Die Eisenbahn schafft schließlich im geografischen Sinn ein völlig neues Raumempfinden und verändert grundlegend die Mobilität.

Frühindustrialisierung und gesellschaftliche Veränderungen

- Aufhebung von Adelsrechten und Zunftzwängen
- Einführung des Privateigentums an Kapital, Grund und Boden
- Einsatz neu entwickelter Werkzeuge und Maschinen
- Entstehung eines finanzkräftigen Waren-, Geld- und Arbeitsmarkts
- Einführung rentabilitätsorientierter marktwirtschaftlicher Interessen
- deutliche Verstädterungstendenzen mit räumlicher Trennung von Wohn- und Arbeitsstätte (Beispiel Dortmund, 1850: 11 000, 1900: 140 000 Einwohner)
- Übergang von der Agrargesellschaft zur Industriegesellschaft (Anteil der Erwerbstätigen in der Landwirtschaft in Deutschland um 1800: 75 %, heute etwa 2,5 %)
- Differenzierung der Arbeitnehmer in verschiedene soziale Schichten, teilweise anfangs soziale Verelendung in Ballungsräumen; Entstehung einer Dualstruktur aus Unternehmer- und Arbeitnehmertum

Heutige Einzelbranchen der Industrie

nach Fertigungsstand des Produkts	**Unterabteilungen, Beispiele**
Grundstoffindustrie	Bergbau, Eisen erzeugende Industrie, chemische Industrie
Weiterverarbeitende Industrie	Metallverarbeitung, Lebensmittelindustrie, Textilindustrie, elektrotechnische Industrie

nach Verwendungszweck	**Unterabteilungen, Beispiele**
Konsumgüterindustrie	Textilindustrie, Nahrungsmittelindustrie
Investitionsgüterindustrie	Fahrzeugbau, Maschinenbau, Werkzeugbau

nach Produktionsstandort	**Unterabteilungen, Beispiele**
Rohstofforientierung	Eisenherstellung auf Rohstoffbasis von Eisenerz und Kohle
Konsumorientierung	Nahrungsmittelherstellung in Nähe der Verbrauchsmärkte
Arbeitskostenorientierung	High-Tech-Industrie nah an Hochschuleinrichtungen
Transportkostenorientierung	Produktion von Roheisen an den „nassen Hüttenstandorten" der Küsten, dort wo der Import von Eisenerz und der Export fertiger Produkte möglich ist

11.5 Standortfaktoren im Bedeutungswandel

Seit Beginn der Industrialisierung in West- und Mitteleuropa Bildung mehr oder weniger geschlossene Industrieräume auf der Grundlage unterschiedlicher Standortfaktoren. Beispiele **klassischer Standortfaktoren** während der Früh- und Hochindustrialisierung:

> MERKE ▪ **Standortfaktoren**
> **Standortfaktoren sind Entscheidungskriterien darüber, weshalb der Standort eines Industriebetriebs an einer ganz bestimmten Stelle im geografischen Raum gewählt wird.**

- **Rohstoffvorkommen** (Beispiel Steinkohle im Ruhrgebiet, Eisenerz aus dem Siegerland; die Standorte der eisenschaffenden Industrie entstanden im Ruhrgebiet, da anfangs zum Ausschmelzen von Eisen aus einer Tonne Eisenerz mehrere Tonnen Steinkohle nötig waren; Transportkosten!)

- **Verkehrsanbindung** (Eisenbahn-, Kanalnetz, später Straßennetz)
- Vorhandensein von anlernbaren **Arbeitskräften** in großer Zahl

Beispiele **heute relevanter Standortfaktoren**

- **Rohstoffverfügbarkeit**: Rohstoffe müssen nicht notwendigerweise vor Ort erschlossen, sondern können über Transportmittel herangeschafft werden. Die Rolle der Rohstoffverfügbarkeit spielt in den modernen Industrien Europas, Nordamerikas und Japans heute eine ohnehin untergeordnete Rolle. Footloose Industries erzeugen Produkte, bei denen Menge und Gewicht der Rohstoffe kaum mehr bedeutsam sind (z. B. wird der Rohstoff Siliziumoxid für die Computerchipherstellung aus Sand hergestellt).
- **Fühlungs- oder Agglomerationsvorteile**: Dies sind Gründe, warum ein Unternehmen seinen Standort dort wählt, wo bereits Unternehmen derselben oder ähnlicher Branchen existieren (Vorteile: besserer Kommunikationsfluss, oftmals Hochschulen und Forschungsinstitute in der Nähe, Zulieferbetriebe ermöglichen horizontale und vertikale Verflechtung).
- qualifiziertes Arbeitskräfteangebot: Besonders in Ballungsräumen existieren moderne Forschungseinrichtungen, aus denen spezialisierte und gut ausgebildete Fachkräfte bezogen werden können.
- sonstige Standortfaktoren, wie etwa Nähe zu Freizeitregionen (Beispiel München und die oberbayerischen Seen und das Alpengebiet), gute Infrastrukturausstattung, etc.

Die Zahl der einzelnen Standortfaktoren ist hoch, deren Bedeutung hängt letztendlich von der jeweiligen Wirtschaftsbranche ab. Den Standort eines Unternehmens bestimmt heute in den meisten Fällen ein ganzes Bündel an Standortfaktoren. Der Wandel der Bedeutung der Standortfaktoren muss als Prozess betrachtet werden, welcher in den allgemeinen industriestrukturellen Wandel eingebettet ist. **Beispiel Hüttenstandorte:** In der Früh- und Hochindustrialisierungsphase befanden sich die Verhüttungswerke aus den oben genannten Gründen dort, wo der Energiestoff Kohle gefunden wurde (Ruhrgebiet, Mittelengland). Nachdem aber ausländische Kohle inklusive Transportkosten billiger importiert werden konnte als die einheimische Kohlenförderung Kosten verursachte, kam es in manchen Teilregionen Europas und Nordamerikas zur Standortverlagerung der Hüttenwerke an die Küste (Hafennähe). Die sogenannten „nassen" Hütten entstanden. Mit der Verdrängung der Kohle durch Erdöl und Erdgas wurden zahlreiche industrielle Produktionsprozesse dorthin verlagert, wo diese neuen Energieträger vorhanden waren (so z. B. chemische Industrie in der Nähe von Pipelines oder in Küstennähe).

11.6 Industriestruktureller Wandel, alte und neue Industrieräume und Tertiärisierung

Die Industrieproduktion spielt in Europa trotz der rasant wachsenden Bedeutung des tertiären Sektors immer noch eine bedeutende wirtschaftliche Rolle und ermöglicht so den Staaten eine wirtschaftlich starke Position innerhalb des Weltwirtschaftsgefüges. Jedoch sind die westlich orientierten Industriestaaten einem strukturellen Wandel unterzogen, welcher einerseits die Standorte der Produktion, andererseits die Produktionsweisen betrifft.

Kennzeichen dieses Strukturwandels ist z. B. ein sinkender Anteil der Industriebeschäftigten an der Gesamtzahl der Erwerbstätigen: waren Ende des 19. Jahrhunderts noch ca. 36 % der Erwerbstätigen in Mittel- und Westeuropa in der Industrie tätig, so fiel der Anteil bis zum Jahre 2000 auf etwa 28 %. Im gleichen Zeitraum erhöhte sich der Anteil der Beschäftigten im Dienstleistungssektor von 22 auf 69 %! Zudem reduzierte sich auch der volkswirtschaftliche Beitrag der Industrie am gesamten Volkseinkommen. Im Wesentlichen kann der industrielle Wandel begründet werden durch eine steigende Nachfrage nach hochwertigen, aber kostengünstigen Produkten, durch den steigenden nationalen und internationalen Konkurrenzdruck und durch die anhaltenden Globalisierungsprozesse.

Wandel der Industriestruktur am Beispiel Großbritanniens
Großbritannien ist seit etwa einem halben Jahrhundert von einem strukturellen Wandel betroffen, welcher sich wie folgt beschreiben lässt: **Deindustrialisierung – Reindustrialisierung – Tertiärisierung**. Dabei handelt es sich um ein kompliziertes Prozessgefüge, bei dem sich ein starkes Süd-Nord-Gefälle der wirtschaftlichen Leistung zwischen dem Südosten (Londoner Becken) und den eher peripheren Räumen Nordenglands, Wales, der altindustrialisierten Midlands und Schottlands entwickelt hat.
Der Begriff **Deindustrialisierung** bezieht sich auf den generellen Bedeutungsverlust des produzierenden Gewerbes, besonders aber in den altindustrialisierten Räumen, in denen die Industrialisierung einst auf der Grundlage der Eisen- und Stahlerzeugung, des Schiffbaus und der Textilindustrie initiiert wurde.

Reindustrialisierung meint die Schaffung neuer industrieller Strukturen seit 1970 und trägt die folgenden Merkmale:

- Einrichtung multinationaler, konzernabhängiger Produktions-, Handels- und Verwaltungsweisen vor dem Hintergrund einer ausgeprägten staatlichen Subventionspolitik

- Umstrukturierung der traditionellen Branchen der Industrie durch Modernisierungs- und Rationalisierungsprogramme
- Neuansiedlung/-gründung von High-Tech-Industriebetrieben und modernen Dienstleistungsunternehmen in den bisher eher industrieschwachen Regionen

Tertiärisierung: Prozess des Übergangs zu vermehrter Wirtschaftsleistung im tertiären Sektor bei gleichzeitiger Abnahme der Bedeutung des sekundären Sektors. Der Prozess wird begleitet durch einen steigenden Anteil der Erwerbstätigen im Dienstleistungssektor und einen Rückgang des Anteils der Erwerbstätigen im produzierenden Gewerbe. Die Tertiärisierung ist ein typischer Begleitprozess beim Übergang von der postindustriellen Gesellschaft zur Dienstleistungs- und Informationsgesellschaft. In den Ballungsräumen vollzieht sich dieser Prozess hauptsächlich auf den Gebieten des privatwirtschaftlichen Sektors (z. B. Banken, Versicherungen, Finanzdienstleister, Kommunikationsunternehmen, etc.) , in den peripher gelegenen Regionen vorwiegend im Bereich der Touristik- und Freizeitbranchen.

Die Beispiele für altindustrialisierte Gebiete in Europa und den USA sind zahlreich. Zu ihnen zählen etwa das Ruhrgebiet, das Saarland, die ehemaligen Bergbaugebiete von Südwales, die englischen Midlands oder Teile des ehemaligen Manufacturing Belts im Nordosten der USA.

Kennzeichen altindustrialisierter Räume (Auswahl)

- einseitige, monostrukturelle Ausrichtung auf Basisindustrien wie etwa Textilindustrie, Eisen- und Stahlindustrie auf der Grundlage der Rohstoffvorkommen Eisenerz und Kohle
- wirtschaftliche Krisenanfälligkeit infolge billigerer Kohlenimporte aus dem Ausland, infolge des Auftauchens neuer Energieträger wie etwa Erdöl und Erdgas und infolge von Konkurrenzstoffen wie etwa des Kunststoffes, der zunehmend Metallteile ersetzt
- Zechenstillegungen infolge unrentablen Abbaus von Kohle
- extremer Anstieg der Arbeitslosigkeit (Arbeitskräfte zu stark auf Basisindustrien beschränkt)
- allgemeiner wirtschaftlicher Bedeutungsverlust, sinkende Steuereinnahmen, sinkende Investitionsvolumina der öffentlichen Hand, veraltende öffentliche Infrastruktur, Abwanderungstendenzen, soziale Spannungen (nicht zuletzt ist der britische Hooliganism auch auf steigende Unzufriedenheit und die daraus resultierenden sozialen Spannungen zurückzuführen)

Angepasster Strukturwandel: Beispiel ehemaliges Ruhrgebiet

Die folgenden Angaben aus dem Ruhrgebiet verdeutlichen die für altindustrialisierte Räume typische wirtschaftliche Strukturschwäche:

	1958	1982	2010
Anzahl der Kohlezechen	140	27	6
Beschäftigte im Bergbau in Tausend	489	141	21
Steinkohle-Förderung Mio. Tonnen	122	70	11

Ausgangslage nach dem Zweiten Weltkrieg: enormer Bedarf an Kohle für den Wiederaufbau, Ausbau der Zechenanlagen, steigende Fördermengen
Absatzkrisen in den 1950er- und 1960er-Jahren: neue Aufbereitungsverfahren bei der Eisen- und Stahlerzeugung, dadurch geringerer Kohlenbedarf, sinkende Frachtkosten ermöglichen Einfuhr von Billigkohle aus dem Ausland, Überangebot an Kohle und Preisverfall
Konkurrenz neuer Energieträger ab den 1960er-Jahren: Erdöl und Erdgas verdrängen Kohle weitgehend; zudem werden viele Industrieprodukte jetzt aus Kunststoffen hergestellt; selbst Eisenerz und Roheisen aus dem Ausland sind günstiger zu beziehen als die deutschen Rohstoffe
Auswirkungen und Anpassungsmechanismen: Zechenstilllegungen, Zusammenschluss kleiner Zechen zu rentableren Großzechen, Intensivierung der Anbautechniken (Rationalisierung), Förderung der Kohlenabbautechnik (Know-How-Potenzial für den Export), Umstrukturierung alter Zechen- und Fabrikationsanlagen, z.B. in Freizeiteinrichtungen, Sport- und Kulturstätten, als Ausstellungs- und Messestandorte, Errichtung von Einkaufszentren, Anlage von Naherholungslandschaften, Ansiedlung von Hochschulinstituten und Forschungseinrichtungen, Einrichtung von Gewerbehöfen mit Dienstleistungsbetrieben, Ansiedlung neuer Industriebranchen mit Wachstums- und High-Tech-Charakter

INSIDER-TIPP ▪ Steinkohleeinheiten

Die Steinkohleeinheit (SKE) ist eine in Europa verwendete Einheit, mit deren Hilfe der Energiegehalt von Primärenergieträgern dargestellt werden kann. 1 kg SKE entspricht hierbei einer Energiemenge beim Verbrennen von 1 kg Steinkohle. Gebräuchlich ist die hierzu analog berechnete Tonne SKE (t SKE). 1 kg SKE = 7000 kcal = 8,1 kWh. Die Öleinheit wird im internationalen Vergleich verwendet. 1 kg SKE = 0,7 kg ÖE.

Ausstattungsmerkmale moderner Industrieregionen – Beispiel: Großraum München

- stark **diversifizierte Wirtschaftsstruktur**: die Wirtschaftsleistung resultiert nicht aus den Aktivitäten von Betrieben einer oder ähnlicher Branche(n), sondern beruht auf einer Vielzahl von Unternehmen unterschiedlicher Produktionsausrichtung, großer Anteil von **Wachstumsindustrien** (z. B. Computer- und Halbleitertechnik, moderner Fahrzeugbau, Elektrotechnik, Steuerungs- und Regeltechnik, Turbinenbau, Luft- und Raumfahrttechnik, Informations- und Kommunikationstechnologien (Rang vier weltweit hinter Silicon Valley, Boston und Greater London)
- räumliche Nähe zu **wissenschaftlichen Einrichtungen** und Forschungsinstitutionen, z. B. Hochschulen, Fachhochschulen, Technikerschulen, Akademien, etc.
- Vorhandensein **qualifizierter Arbeitskräfte**
- Standort **hochspezialisierter Messen**
- **face-to-face-Kontakte:** etwa 250 Direktflugverbindungen in über 60 Länder, 100 Interkontinentalverbindungen
- große Bedeutung **weicher Standortfaktoren**: vielseitiges kulturelles Angebot, Sport- und Freizeiteinrichtungen, landschaftliche und touristische Attraktivität Oberbayerns und der Alpen, etc.

Das Vorhandensein von **Aktiv- und Passivräumen** führt in vielen Gebieten Europas zur **Verstärkung räumlicher Disparitäten**.

MERKE ▪ Die blaue Banane

Das Modell der blauen Banane (1989) versucht Europa in Aktiv- und Passivräume zu untergliedern. In einem Bogen zwischen London und Mailand befinden sich Europas wichtigste Aktivräume.

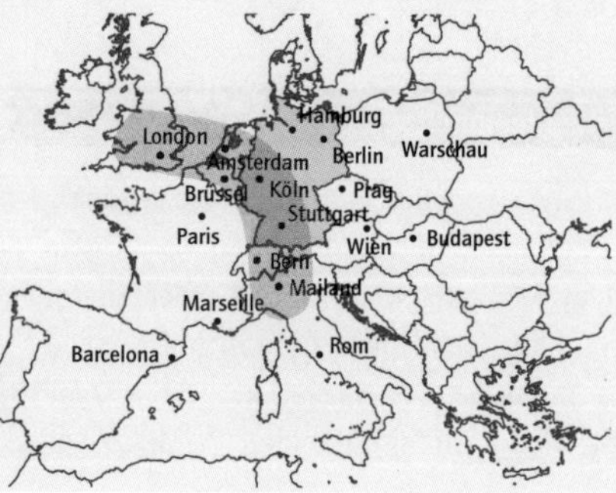

Beispiel Frankreich

Die politische Verwaltungsstruktur Frankreichs mit seinen Départements, Arrondissements und Gemeinden ist stark zentralistisch auf die Hauptstadt Paris und die wenigen größeren städtischen Ballungsräume ausgerichtet. Frankreich ist deshalb wegen seiner starken Gegensätze zwischen Aktiv- und Passivräumen ein Paradebeispiel für das Vorhandensein starker räumlicher Disparitäten.

Aktivräume (strukturstarke Räume)	**Passivräume (strukturschwache Räume)**
z. B. Großräume Paris, Marseille, Toulouse – Hervorragende Verkehrsinfrastruktur (Autobahnen, TGV-Hochgeschwindigkeitsnetz) – gutes Ausbildungsangebot – reiches kulturelles Angebot – räumliche Konzentration von Wachstumsindustrien – extrem stark ausgeprägter tertiärer Sektor (Hauptsitze von Banken, Versicherungen, Industriekonzernen) – hohe Innovationsbereitschaft – Zuwanderung infolge hoher Attraktivität – teilweise Wohnraum-, Verkehrs- und andere Umweltprobleme – Überlastungserscheinungen – sich verstärkende Zentralitätseffekte – Verstärkung der räumlichen Disparitäten gegenüber den peripheren Lagen	z. B. Normandie, Bretagne, Auvergne, Massif Central – Räumliche Randlage – geringe wirtschaftliche und politische Bedeutung – fehlendes oder unzureichendes infrastrukturelles Netz – starke Ausprägung der Landwirtschaft – fehlende Arbeitsplätze in Industrie und im Dienstleistungssektor – geringe soziale Mobilität – fehlende Aus- und Weiterbildungseinrichtungen – teilweise hohe Abwanderung, besonders junger Familien – Überalterung der Bevölkerung – sinkende Steuereinnahmen und Verschlechterung des steuerlichen Investitionsvolumens

Mögliche Maßnahmen zum Abbau räumlicher Disparitäten: Staatliche Förderprogramme und Finanzhilfen in den strukturschwachen Räumen, z. B. Steuererleichterungen, Anreize für Industrieansiedlungen; Dezentralisierung der Verwaltungs- und Bildungseinrichtungen (gezielte Standortverlagerung aus den Aktivräumen heraus nach außen), Anlage von Technologieparks mit Betrieben der Wachstumsbranchen, Entlastung der Hauptstadt durch neue Bauverordnungen und neue Verkehrskonzepte (z. B. Ringstraßen, Tangenten, zusätzliche Autobahnen), etc.

CHECKLISTE

11 Industrialisierte Räume

- die Unterteilung der Wirtschaft eines Raumes in die drei Sektoren (primär, sekundär und tertiär) kennen
- den Wandel der Wirtschaftssektoren nach dem Modell von Fourastié beschreiben und begründen können
- die Hauptprozesse des agrarsozialen Wandels in höher entwickelten Räumen erläutern können: Betriebsgrößenstrukturen, Situation vor Einsetzen des Wandels, Teilprozesse des Wandels, ökologischer Landbau, nachwachsende Rohstoffe, Industrialisierung der Landwirtschaft
- die Veränderungen in der US-amerikanischen Landwirtschaft hin zu einer hochintensiven, agrartechnologisierten Produktion beschreiben und erläutern können
- die Begriffe Industrie und Industrialisierung beschreiben und in ihrer Entwicklung erläutern können
- die Bedeutung von Standortfaktoren und deren veränderte Bewertung darstellen können
- Prozessmerkmale auf dem Weg von altindustrieller zu hochtechnologischer Industrieproduktion kennen und erläutern können
- Kennzeichen moderner, diversifizierter Wirtschaftsräume erläutern können

12 Grundlegende demografische Prozesse

Die grundlegende Betrachtung von natürlichen und räumlichen Bevölkerungsbewegungen sowie der Bevölkerungsstruktur eines Raumes gibt Aufschluss über die räumlichen und strukturellen Prozesse einer sich ständig in ‚Bewegung' befindlichen Bevölkerung eines Untersuchungsraums.

12.1 Bevölkerungsbewegungen

Bevölkerungsbewegung: quantitativer Aspekt der Veränderung einer Bevölkerung in einem Raum, z. B. durch natürlichen Zuwachs/Rückgang infolge veränderter Relation Geburtenrate/Sterberate (generatives Verhalten) oder durch Migration (Zu-/Abwanderung)

Bevölkerungsstruktur: qualitativer Aspekt, z. B. Altersgruppenzusammensetzung, Einkommensverteilung, Besitzverhältnisse, ethnische Zusammensetzung usw.

Jede Bevölkerungsbewegung resultiert auch in einer Veränderung der Bevölkerungsstruktur!

MERKE

Bevölkerungsbewegung

natürliche Bevölkerungsbewegung
gesteuert durch Geburten- und Sterberate

räumliche Bevölkerungsbewegung
Wanderungen (= Migrationen)
(Zu-, Abwanderung)

quantitative und strukturelle (z. B. Altersgruppen, Einkommensgruppen) Veränderungen der Bevölkerung

MERKE ▪ Natürliche Bevölkerungsbewegungen

- **Geburtenzahl/Zahl der Sterbefälle: absolute Zahl an Geburten/ Sterbefällen in einem bestimmten Raum innerhalb einer bestimmten Zeitspanne (meist ein Jahr)**
- **Geburtenziffer/Sterbeziffer: Umrechnung der absoluten Zahlenwerte auf je 1000 Einwohner des Vorzeitraums (vorangehendes Bezugsjahr)**
- **Geburtenrate/Sterberate: Verhältnis aus der Zahl der Neugeborenen/Sterbefälle pro Tausend Einwohner bestehender Bevölkerung, ausgedrückt in Promille**
- **Natürliche Bevölkerungszuwachsrate: Promille-Angabe aus dem Verhältnis von Geburten- und Sterberate für einen bestimmten Zeitraum (meist ein Jahr); das Ergebnis kann positives (Zuwachs) oder negatives (Abnahme) Vorzeichen haben;**
- **Bespielrechnung in einem fiktiven Raum:**

Bevölkerungszahl in 2008: 800 000
Ereignisse und Daten in 2008: 20 000 Geburten, 16 000 Sterbefälle, also Differenz Geburten/Sterbefälle 4000 (Geburtenüberschuss) Geburtenziffer (bezogen auf 1000 Ursprungsbevölkerung): 20 000 dividiert durch 800 ergibt 25; Sterbeziffer (bezogen auf 1000 Ursprungsbevölkerung): 16 000 dividiert durch 800 ergibt 20; Geburtenrate: 25 Promille, Sterberate: 20 Promille; natürlicher Bevölkerungssaldo: + 4000; natürliche Bevölkerungszuwachsrate: + 5 Promille

Der demografische Übergang

Das **Modell des demografischen Übergangs**, über das bereits im → Kapitel der Bevölkerungsproblematik in Ländern mit Entwicklungsdefiziten gesprochen wurde (siehe auch dortige Abbildung), berücksichtigt die Veränderungen von Geburten- und Sterberaten, also die natürliche Bevölkerungsentwicklung, im Verlauf eines längeren Zeitraums. Es wurde ursprünglich anhand der Bevölkerungsveränderungen der europäischen Länder beim Übergang von der vorindustriellen zur industriellen (18. und 19. Jahrhundert) und postindustriellen (ab spätem 20. Jahrhundert) Gesellschaft entwickelt. Vereinfacht zeigt es den Übergang von hohen Geburten- und Sterbeziffern zu niedrigen als Folge eines veränderten generativen Verhaltens.

MERKE ▪ Demografischer Übergang in den klassischen Industrieländern

Phase 1 – Vorbereitung: Ausgangslage eines Landes mit vorwiegend agrargesellschaftlicher Prägung; hohe Geburtenrate (hohes generatives Verhalten) da eine hohe Kinderzahl eine Altersabsicherung garantiert und das fehlende soziale Netz und die hohe Kindersterblichkeit kompensiert; hohe Sterberate infolge noch fehlender Hygienestandards und Krankheit bekämpfender Maßnahmen

Phase 2 – Einleitung: Absinken der Sterberate infolge besserer hygienischer Verhältnisse und dem Entstehen eines noch einfach strukturierten Gesundheitswesens (neue medizinische Entdeckungen, erste Therapieformen); allerdings immer noch hohe Geburtenrate infolge eines nicht veränderten generativen Verhaltens (Persistenz); Geburtenüberschuss, Beginn der „Bevölkerungsexplosion"

Phase 3 – Umschwung: Zeitverzögertes Absinken der Geburtenrate infolge eines veränderten generativen Verhaltens (Entstehung erster Sozialabsicherungssysteme, sozioökonomische Verbesserungen)

Phase 4 – Einlenken: Sterberate erreicht ein biologisch bedingtes unteres Niveau und sinkt nicht/kaum weiter; Geburtenziffer sinkt weiter

Phase 5 – Ausklingen: Erreichen niedriger Geburten- und Sterbeziffern, somit mäßiger Bevölkerungszuwachs bzw. Stagnation der natürlichen Bevölkerungsbewegung

Räumliche Bevölkerungsbewegungen

In den modernen Industrieländern wird die Bevölkerungssituation heute weit mehr durch Zu- und Abwanderung als durch natürliche Bevölkerungsbewegungen gesteuert. Wanderungen/Migrationen sind nichts anderes als Auswirkungen eines veränderten Mobilitätsverhaltens.

Räumliche Mobilität: Bereitschaft (auch Zwang), einen bestimmten geografischen Raum zu verlassen oder sich in ihn hinein zu begeben; Beispiele: Migrationen aus dem ländlichen in den städtischen Raum, Stadt-Umland-Wanderungen, Abwanderung aus peripheren Räumen in Aktivräume hinein

Soziale Mobilität:
- vertikal: Wechsel zwischen den einzelnen Schichten eines sozialen Systems (z. B. beruflicher oder gesellschaftlicher Auf-/Abstieg)
- horizontal: Wechsel zwischen gesellschaftlichen Gruppen, ohne dass der soziale Status verändert wird (z. B. Berufswechsel)

Weitere Grundbegriffe
- **Wanderungen/Migrationen:** dauerhafte Wohnstandortverlagerungen
- **Wanderungsvolumen:** Summe aller Wanderungen (Zuwanderung und Abwanderung)
- **Wanderungssaldo:** Unterschiedsbetrag aus Zu- und Abwanderung (positives oder negatives Vorzeichen)
- **Wanderungsrate:** Wanderungsvolumen auf 1000 Einwohner eines Raumes bezogen
- **Zuwanderungsrate:** Wanderungen in ein Gebiet hinein, bezogen auf 1000 Einwohner
- **Abwanderungsrate:** Wanderungen aus einem Gebiet hinaus, bezogen auf 1000 Einwohner
- **Auswanderung:** Abwanderung (Emigration) aus einem Staatsgebiet in ein anderes (Immigration) motiviert durch politische, wirtschaftliche, soziale, religiöse oder andere Gründe

Auch das **Mobilitäts- und Wanderungsverhalten** in den Industrieländern kann phasenartig beschrieben werden:
- Phase 1 (**vorindustriell**): geringe Mobilität, geringe Reichweiten, gelegentlich räumliche Bewegungen über weite Entfernungen (z. B. Völkerwanderungen)
- Phase 2 (**hochindustriell**): steigende Mobilität infolge der Entstehung eines Verkehrsnetzes (z. B. Eisenbahnbau während der Industrialisierung), Land-Stadt-Wanderung
- Phase 3 (**Transformation**): einsetzende interregionale Wanderungen zwischen Städten/Städten und Städten/Industriegebieten
- Phase 4 (**moderne Gesellschaften des 20. Jahrhunderts**): hohe räumliche und soziale Mobilität, Wanderungen verschiedener Art (siehe unten)
- Phase 4 (**postindustriell**): evtl. verminderte Mobilität als Folge von Internationalisierungseffekten und Globalisierung besonders durch den erleichterten Datenaustausch in einer Informations- und Kommunikationsgesellschaft

Klassifikation nach Wanderungstypen (Auswahl)

Kriterium Grad der Freiwilligkeit/des Zwangs

- erzwungene Wanderungen: z. B. Flüchtlingsströme, Zwangsdeportationen, Heimatvertriebenen-Immigration
- freiwillige Wanderungen: z. B. Wanderungen aus wirtschaftlichen Gründen zur Verbesserung der Lebensverhältnisse, Stadt-Rand/Umland-Wanderungen (bessere Umweltbedingungen, größere Grundstücksflächen, Eigenheimbau)

Kriterium Entfernung

- Wanderungen über kurze Entfernungen: z. B. Kernstadt-Rand-Wanderungen, Wohnstandortverlagerungen aus beruflichen Gründen innerhalb einer Region
- Fernwanderungen: Auswanderung (Emigration), Völkerwanderungen (im Ergebnis!)

Kriterium Motive

- politisch bedingt: z. B. als Folge drohender Restriktionen
- wirtschaftlich bedingt: z. B. Arbeitsplatzsuche in der Stadt, irische Auswanderung im 19. Jahrhundert in die USA infolge der Missernten in Irland (potatoe famine)
- religiös bedingt: z. B. Auswanderung der Puritans von England nach Amerika

Kriterium Raumbezug

- innerregional: z. B. innerhalb einer Stadtregion (so etwa die Kernstadt-Rand-Wanderung)
- interregional: z. B. Wanderungen zwischen strukturschwachen und strukturstarken Räumen einer Region
- international: z. B. Wanderungen zwischen Staaten infolge kriegerischer Auseinandersetzungen oder Hungerkatastrophen

Kriterium Naturpotenzial

- infolge von Katastrophen: z. B. Dürrekatastrophen im Sahel, Vulkanausbrüche, Taifungefahren etc.
- im Zuge von Agrarkolonisationsprojekten: z. B. Umsiedlungsmaßnahmen in das Amazonasgebiet hinein zur Entlastung des hohen Bevölkerungsdrucks in Nordostbrasilien

12.2 Bevölkerungsstruktur

Unter Bevölkerungsstruktur versteht man die Eigenheiten und Charakteristika einer Bevölkerung eines geografischen Raums in ihrer Gesamtheit und ihrer inneren Differenzierung (Verteilung).

Die Bevölkerungsstruktur stellt eine **Momentaufnahme innerhalb der Bevölkerungsentwicklung** dar. Beispielsweise lässt sich die Bevölkerung eines Raums insgesamt quantitativ und qualitativ oder in ihrer inneren Differenzierung nach Altersgruppen und deren Anteile, Einkommensgruppen, ethnischer Zusammensetzung etc. beschreiben.

Ganz besondere Bedeutung erfährt hierbei das Verhältnis zwischen Erwerbsbevölkerung und abhängigen Altersgruppen (unter 15 Jahren, über 65 Jahren), weil es z. B. Aufschluss über die Finanzierbarkeit der Altersruhegelder (Renten und Pensionen) in einem bestimmten Zeitraum gibt. In der Bevölkerungsgeografie erfasst man vorwiegend die Bevölkerungsstruktur nach Altersklassen. Hierzu werden grafische Darstellungen, die sogenannten **Bevölkerungsdiagramme** verwendet.

Klassische Formen der Bevölkerungsdiagramme

Pyramidenform: typisch für die vorindustrielle Phase und heute noch für viele Entwicklungsländer: hoher Geburtenüberschuss, deutlich niedrigere Lebenserwartung im Vergleich zu den Industrieländern, breite Basis, Dominanz jüngerer und jüngster Altersgruppen, starkes Bevölkerungswachstum

Glockenform: zahlenmäßig gleichbleibende Geburtenjahrgänge über einen längeren Zeitraum hinweg, deutlich breitere horizontale Erstreckung auch in höheren Altersgruppen (höhere Lebenserwartung infolge besserer Hygiene und funktionierendem Gesundheitswesen), stagnierende Bevölkerungsentwicklung, gilt für die meisten Industrieländer

Urnenform: Deutlich geringere Basis gegenüber höheren Altersgruppen, Geburtenjahrgänge nehmen zahlenmäßig von Jahr zu Jahr ab, schrumpfende Bevölkerungszahl, typisch für postindustrielle Gesellschaft (Ansätze bereits in Deutschland); als Folgeform der Urne gilt die Spindelform: kaum mehr Unterschiede zwischen der Breite der einzelnen Altersgruppen

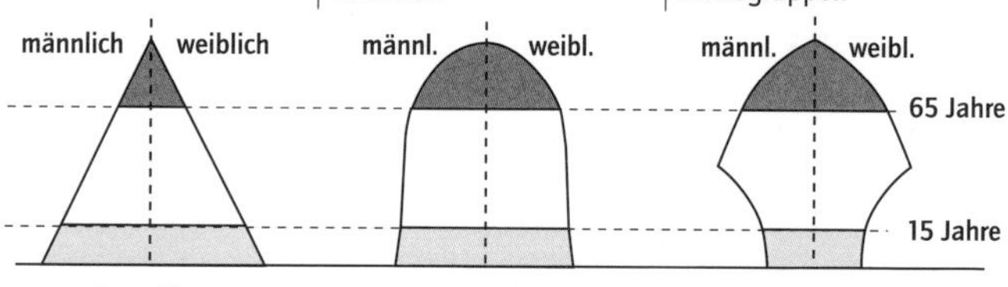

Pyramide
Wachsende Bevölkerung

Glocke
Stationäre Bevölkerung

Urnenform
Schrumpfende Bevölkerung

12.3 Bevölkerungsentwicklung in Deutschland

Die Bevölkerung Deutschlands wurde in der Vergangenheit stark durch **natürliche und räumliche Einflüsse** gesteuert.

Beispiele für starke **räumliche Ausprägungen**

- Zuwanderung zwischen 1946 und 1949 von über 1 Mio. Menschen aus den sowjetisch besetzten Gebieten
- Zuwanderung zwischen 1946 und 1950 von ca. 8 Mio. aus den Gebieten östlich von Oder und Neiße, aus der ehemaligen Tschechoslowakei, aus Polen und Österreich
- Zuwanderung bis 1961 von 3,5 Mio. infolge des Mauerbaus
- Zuwanderung von ausländischen Gastarbeitern in den 1960er-Jahren
- Wanderungen von Menschen aus dem Gebiet der ehemaligen DDR nach Westdeutschland im Anschluss an die Grenzöffnung 1989

Die **Sterberate** in Deutschland liegt seit mehreren Jahrzehnten bei etwa 11 bis 12 Promille. Seit der 2. Hälfte des 20. Jahrhunderts verzeichnet die **Geburtenrate** allerdings deutliche Rückgänge (Pillenknick = Einführung der Anti-Baby-Pille, teilweiser Übergang zu modernen, städtischen Lebensformen, Anstieg der Single-Haushalte und der Zahl der kinderlosen Familien). Heute verzeichnet Deutschland ein **Geburtendefizit** und einen **negativen Geburtensaldo**.

Altersaufbau Deutschland

Altersaufbau Deutschland 1910 (in 1000)

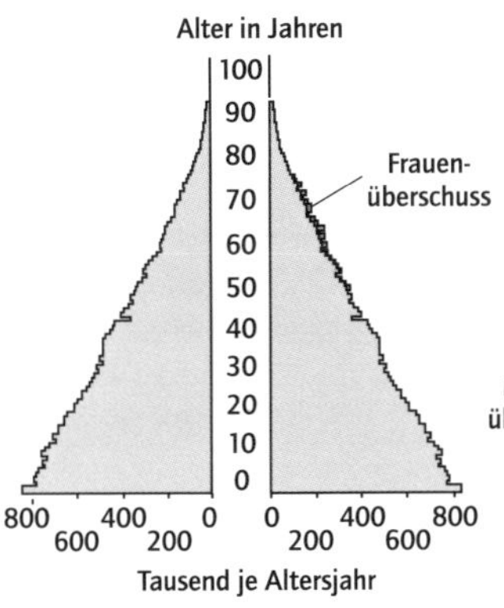

Altersaufbau Deutschland 2001 (in 1000)

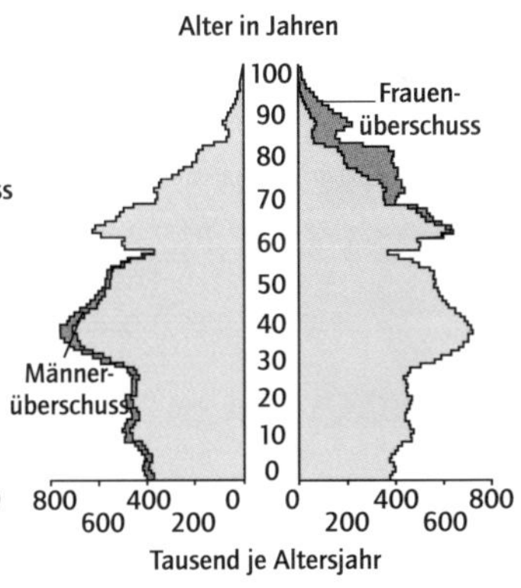

Prognosen: Die Bevölkerungszahl Deutschlands hat voraussichtlich bis etwa 2005 infolge Zuwanderung noch leicht zugenommen bzw. stagniert. Seither wird für die Zukunft ein langfristiger Rückgang zu verzeichnen sein, der so lange anhält, wie die Geburtenrate unter dem sogenannten **Bestandserhaltungsniveau** (= Sterbefälle minus positiver Wanderungssaldo) liegt. Der mögliche Schrumpfungsprozess wird bei Annahme einer unveränderten Kinderzahl pro Frau nach Vorausschätzungen zwischen 2050 und 2080 an Geschwindigkeit zunehmen. Bei den heute abschätzbaren Entwicklungen könnte die Gesamtbevölkerung im Jahre 2080 auf ca. 53 Millionen sinken. Besonders drastisch erscheint hierbei die Tatsache, dass dann etwa 65 Prozent der Bevölkerung älter als 40 Jahre sein würden (2000: etwa 48 %). Die gegenläufige Entwicklung von Bevölkerungszuwachs bei den älteren Altersgruppen und Schrumpfung bei den Jüngeren resultiert langfristig in einer Zunahme des Durchschnittsalters, der sogenannten **demografischen Alterung**. Das ist von großer Bedeutung für das System der Altersversorgung. Sollten die Vorausberechnungen der Bevölkerungsentwicklung wirklich zutreffen, so müssten die Beiträge zur Rentenversicherung sich sehr stark erhöhen.

Vorausberechnung der Bevölkerungsentwicklung

in Millionen (Angaben in Klammern: Prozentanteile an der Gesamtbevölkerung)

Altersgruppe	1998	2010	2030	2050	2080
unter 20	17,7 (21,5)	15,0 (18,3)	12,0 (15,5)	9,7 (14,3)	7,8 (14,6)
20 bis 39	24,6 (30,0)	19,3 (23,5)	16,3 (21,0)	13,4 (19,6)	10,4 (19,7)
40 bis 59	21,9 (26,7)	25,9 (31,6)	19,9 (25,7)	17,1 (25,2)	13,1 (24,8)
60 und älter	17,9 (21,8)	21,8 (26,6)	29,4 (37,8)	27,8 (40,9)	21,7 (40,9)
gesamt	82,1 (100)	82,0 (100)	77,5 (100)	68,0 (100)	53,1 (100)

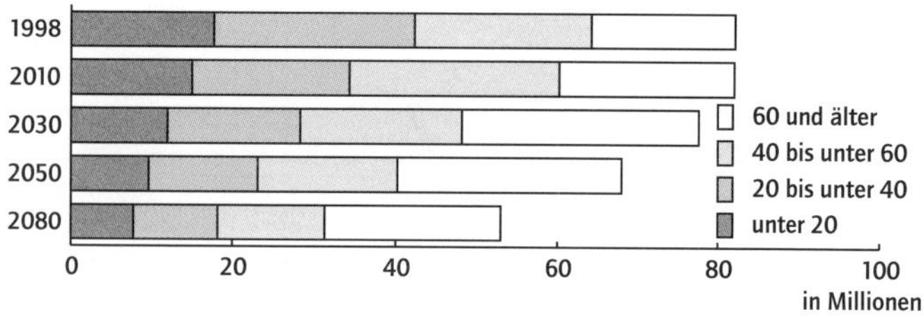

CHECKLISTE

12 Grundlegende demografische Prozesse

- Definition Bevölkerungsbewegungen: natürliche (Geburtenrate, Sterberate, natürliche Bevölkerungszuwachsrate), räumliche (Wanderungen = Migrationen, Zu- und Abwanderung, Wanderungssaldo)
- das Modell des demografischen Übergangs verstehen und auf unterschiedliche Entwicklungsstände von Räumen anwenden können
- Begriffe räumliche und soziale Mobilität definieren und anwenden können
- Motivationen für veränderte Bevölkerungsbewegungen kennen
- Grundbegriffe der Bevölkerungsgeographie kennen und anwenden können
- die Bevölkerungsstruktur eines Raumes und deren Veränderungen beschreiben und begründen können
- die Bevölkerungsstruktur Deutschlands seit Beginn der Industrialisierung erläutern und zukünftige Prognosen der Bevölkerungsentwicklung stellen können

13 Verkehrsgeografische Aspekte

In modernen Industrie- und Dienstleistungsgesellschaften spielt der Verkehr eine Schlüsselrolle, indem er die Mobilität von Gütern und Personen erhöht und die überregionale und internationale Arbeitsteilung sowie touristische und Freizeitaktivitäten ermöglicht.

13.1 Verkehrsbelastung – Beispiel Alpentransit

Der Alpenraum gehört heute zu den am dichtest frequentierten Transiträumen der Erde.

ZEITTAFEL	
Frühphase der Besiedlung Europas	erste Alpenüberquerungen
218 v. Chr.	Alpenüberquerung mit Elefanten durch den Karthager Hannibal
58–51 v. Chr.	Alpen gewinnen als Transitraum für die Römer während der gallischen Eroberung an Bedeutung
1. Jh. n. Chr.	Bau der Via Claudia (Rom – Reschenpass – Augsburg)
frühes Mittelalter	Alpenpässe und Klosteranlagen gewinnen an strategischer Bedeutung
Spätmittelalter und Neuzeit	Etablierung eines regelmäßigen Güterverkehrs über die Alpen zwischen den oberitalienischen Städten (z. B. Mailand, Venedig und Florenz) und den Handelsstädten nördlich der Alpen (z. B. Augsburg, Ulm, Memmingen, Lindau und Konstanz)
14. Jh.	Gründung von Portgenossenschaften (Talgenossenschaften auf dem Gebiet der heutigen Schweiz) nach dem Zerfall der Feudalgemeinden: diese kontrollieren Transport und Wegesicherung gegen Gebühren
1772–1805	Bau der Hauptverkehrswege am Simplon (1805), am Brenner (1772) und an der Tenda (1788): Übergang vom Zugtiertransport zum Wagentransport, Beginn des eigentlichen Transitverkehrs
19. Jh.	Ausbau der Eisenbahnlinien (z. B. Semmering 1854, Gotthard 1882)
20. Jh.	Fertigstellung der Brenner-Autobahn 1967, Konzentration des Güter- und Personenverkehrs auf die Straße
21. Jh.	Bau von Alpentransversalen

Die heute viel diskutierten Verkehrsbelastungen sind nicht Ergebnis des Transitverkehrs allein, sondern resultieren aus drei Komponenten:

- **Eigenverkehr:** tägliche Pkw-Fahrten zwischen Wohn- und Arbeitsstätte, zwischen Gemeinden, inneralpiner Güter-/Geschäftsverkehr
- **Transitverkehr:** Personendurchgangsverkehr auf den Urlaubsreisewegen zwischen Nord und Süd, Güterverkehr auf Straße und Schiene
- **Touristischer Verkehr:** An- und Abfahrten der Urlauber und Tagesausflügler, inneralpine Fahrten während des Urlaubsaufenthaltes

Die Gütertransportmenge in Europa hat zugenommen (vgl. Abbildung).

Zahlen zum Güterverkehr:

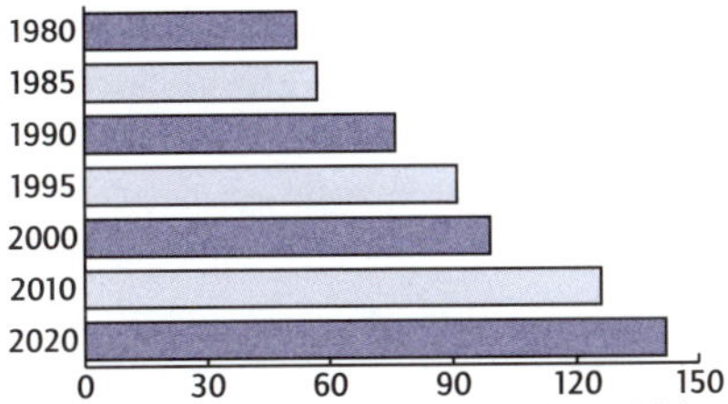

Gütermenge in Mio Tonnen/Jahr (Annahme gleich bleibender Transportmengensteigerungen)

Darüber hinaus erfolgte eine **deutliche Verlagerung des Gütertransports von der Schiene auf die Straße** (1980: Anteil Schiene 56%, Straße: 44%; 2008: Schiene 20%, Straße 80%). Die Gründe hierfür sind der vorangegangene Ausbau der Verkehrswege, das steigende Gütertransportvolumen (welches durch die Eisenbahn nicht mehr bewältigt werden konnte), die einfacheren Organisationsabläufe bezüglich des Lkw-Verkehrs, die fehlende Ausbaumöglichkeit der Eisenbahnlinien in den relativ engen Gebirgstälern, unterschiedliche nationale Normierungen (z.B. unterschiedliche Eisenbahnspurbreiten). **Beispiel Brenner:** heutiges Verhältnis Gütertransport Straße zu Schiene etwa 2 zu 1; pessimistische Schätzungen rechnen mit einem Verhältnis bis 6 zu 1 bis Mitte des 21. Jahrhunderts.

MERKE ▪ Resultierende Umweltbelastungen

- **erhöhte Geräuschbelastung (Trichterwirkung der Gebirgstäler, besondere Verstärkung bei Inversionswetterlagen)**
- **enorme Luftschadstoffbelastung (CO_2, Stickoxide, Kohlenwasserstoffe, Schwefeldioxid, Rußpartikel) in engen Verkehrstälern infolge räumlicher Bündelung des Transitverkehrs**
- **allgemeine Störung eines hochsensiblen Gebirgsökosystems (z.B. Schwermetallanreicherung im Boden und in der Vegetation)**
- **Flächenverbrauch und Störung des Landschaftsbildes**

Verkehrstechnische Lösungsansätze für den Alpenraum

- **NEAT (Neue Alpentransversale):** Verbesserung der verkehrstechnischen Verbindungen zwischen einzelnen Regionen der Schweiz durch den Ausbau der Strecke zwischen Arth-Goldau und Lugano mit Basistunneln am Monte Ceneri (30 km) und am Gotthard (50 km); Ausbau der Simplon-Linie und Anschluss an das französische Hochgeschwindigkeitsnetz des TGV (train de grand vitesse)
- **Brennerbasistunnel:** Schaffung zusätzlicher Schienentransportkapazitäten durch die Anlage eines Basistunnels (quer durch die Alpen auf Gebirgsfußniveau), Fertigstellung bis ca. 2020, dann geplante 400 Züge täglich zwischen Innsbruck und Brixen
- **Ausbau bestehender Verkehrslinien für den Huckepack-Verkehr:** Form des **kombinierten Verkehrs**, bei dem genormte Lastwagentransportbehälter (Eurocontainer) auf Verladebahnhöfen am Nord- und Südrand der Alpen vom Lkw auf Niederflurwaggons für den Eisenbahntransport durch den Alpenhauptkamm umgeladen werden
- **Verbesserung der Transporttechnologien**, z. B. Optimierung der Beladevorgänge und des Ladevolumens

13.2 Neue verkehrstechnische Konzepte

Kombinierter Verkehr (auch multimodaler Verkehr)
Ziel: Reduktion der Verkehrsbelastung auf unterschiedlichen Verkehrsträgern, Optimierung der Transportlogistik im Güterverkehr
Verfahren: Gütertransport mit mindestens zwei verschiedenen Verkehrsträgern (z. B. LKW und Schiff) in ein und derselben Ladeeinheit (Container)

- **begleiteter Verkehr:** hierbei wird der Ladeträger, z. B. ein LKW, mit der Ladeeinheit, dem Container, auf ein Schiff oder einen Eisenbahnniederflurwagen verladen
- **unbegleiteter Verkehr:** die genormten Transportbehälter werden auf unterschiedliche Ladeträger (Schiff, LKW, Niederflurwaggon) verladen

Es ergeben sich sogenannte **Transportkettensysteme** (z. B. LKW – Schiff – Eisenbahnwaggon – LKW).

Innovative Kraftstoff- und Antriebsformen

- **Kraftstoff Methanol:** geringerer Kohlenwasserausstoß im Vergleich zu Kraftstoffen aus konventionellen fossilen Energieträgern (Reduzierung des anthropogenen Treibhauseffekts); geringere Abhängigkeit von der Lieferung fossiler Energieträger aus dem Ausland; Methanol besteht aus einfach strukturierten Kohlenstoffmolekülen, die sauberer, ohne große Mengen an Reststoffen, verbrennen; wegen des niedrigen Dampfdrucks ist die Verdunstung beim Tankvorgang niedriger (auch: niedrigeres Risiko der Bildung bodennahen Ozons); höherer Wirkungsgrad; relativ kostengünstige Gewinnung aus Kohle und Erdgas
- **Hybridmotoren:** Hybridsysteme arbeiten mit zwei verschiedenen Antriebsarten in einem Fahrzeug (etwa einem konventionellen Benzin- oder Dieselaggregat und einem hoch effektiven Elektroantrieb). Europäische Automobilhersteller arbeiten derzeit an pedalgesteuerten Umschaltungen der beiden Antriebe (z. B. spricht im ersten Drittel des Pedalweges der Elektromotor an, der aus einem Akkumulator gespeist wird, bei höheren Drehzahlen wird auf Verbrennungsantrieb umgeschaltet).
- **Brennstoffzelle:** Umkehrung der Elektrolyse; aus den Ausgangsstoffen Wasserstoff und Luft entsteht Wasser unter Freigabe von Energie.
- **Rapsöl-Metyl-Ester:** Dieselersatzstoff aus Rapsöl; Beispiel für die Gewinnung nachwachsender Rohstoffe; im Vergleich zum herkömmlichen Dieselkraftstoff geringerer Ausstoß an Schwefeldioxid, Kohlenwasserstoffen und Rußpartikeln

MERKE ▪ **Den Verkehrsfluss steuernde Systeme**

- **Verkehrstelematische Systeme: moderne Verkehrsleittechniken, bei denen Informationen über größere Entfernungen zwischen Fahrzeugen und Leitstelle ausgetauscht und mit dem Ziel einer optimierten Verkehrsführung verarbeitet und rückgemeldet werden**
- **Navigationssysteme: Bordsysteme, die über eine Reihe von Satelliten ihre exakte Position geografisch auf elektronische Weise bestimmen können (GPS = Global Positioning System); mit ihrer Hilfe lassen sich Routen vorausberechnen und im Verbund mit Verkehrsrückmeldungen Ausweichwege rechtzeitig z. B. bei hohem Verkehrsaufkommen und Stau berücksichtigen; das GPS könnte zudem im Bereich der Mautgebührenerhebung bis hin zur automatischen elektronischen Kostenabrechnung eingesetzt werden**

CHECKLISTE

13 Verkehrsgeografische Aspekte

- Kenntnis wesentlicher Phasen der Verkehrsentwicklung im Alpenraum
- richtiger Umgang mit den Begriffen Eigenverkehr, Transitverkehr und touristischer Verkehr
- Einblick in das derzeitige Verhältnis Schienen- und Straßenverkehr in Europa
- mögliche Umweltbelastungen für den Alpenraum beschreiben können: Geräusch-, Luftschadstoffbelastung, Flächenverbrauch, Störung des Landschaftsbilds
- neuere verkehrstechnische Lösungsansätze im Alpenraum: NEAT, Brennerbasistunnel, Huckepackverkehr
- das Konzept des kombinierten Verkehrs beschreiben können
- Innovationen im Bereich der Kraftstoff- und Antriebsentwicklung aufzeigen können, z. B. Hybridantrieb, Brennstoffzelle u. a.
- Verkehrsleitsysteme erläutern können

14 Grundwissen „Urbane Räume“

Heute lebt mehr als die Hälfte der Menschheit in Städten. Städte sind nicht nur Träger überregionaler sozialer, wirtschaftlicher und politischer Bedeutung, in den großen Städten überlagern sich heute vielschichtige, oftmals auch globale Netzwerke.

14.1 Stadtbegriffe und Stadtmodelle

Die Schwierigkeit, den Begriff **Stadt** zu definieren, liegt in folgenden Merkmalen begründet:

- Das Städtewesen hat sich weltweit von der Antike über das Mittelalter, die Industrialisierungsphase und die Moderne grundlegend verändert.
- Stadttypen unterscheiden sich teilweise grundlegend aufgrund ihrer unterschiedlichen Kulturkreiszugehörigkeit (z. B. die islamische, die nordamerikanische, die sozialistische, die westeuropäische Stadt).
- Quantitative Faktoren (Bevölkerungszahl, Baudichte, etc.) sind weltweit so unterschiedlich ausgeprägt, dass eine einheitliche Definition von Stadt schwer fällt.

Global cities sind Städte, von denen wirtschaftliche Kontroll- und Steuerungsaktivitäten von globaler Bedeutung ausgehen. Sie werden auch als Kommandozentralen der Weltwirtschaft bezeichnet. Beispiele hierfür sind New York, London und Tokio.

Unterschiedliche quantitative Stadtdefinitionen (20. Jahrhundert)

- **Frankreich:** geschlossen bebaut, Einwohnerzahl > 2000
- **Italien:** Kommunen ab ca. 20 000 Einwohnern
- **Spanien:** geschlossene Siedlungen > 10 000 Einwohnern
- **USA:** Gemeinden > 2500 Einwohnern

- **Norwegen:** zusammenhängende Siedlungen mit mehr als 2000 Einwohnern, wobei der Gebäudeabstand 500 m nicht überschreiten darf
- **Indien:** Mindesteinwohnerzahl 5000, Bevölkerungsdichte von mindestens 1000 Einwohnern pro Quadratmeile

MERKE ▪ **Beispiele moderner Strukturmerkmale einer Stadt**
- **Veränderungen in der Einwohnerzahl werden hauptsächlich durch räumliche Bevölkerungsbewegungen (Migrationen), weniger durch die natürliche Entwicklung (bestimmt durch das Verhältnis Geburten- zu Sterberate) gesteuert.**
- **Innerhalb der Stadt herrscht eine starke gesellschaftliche Differenzierung (z. B. gesteuert durch Einkommensverhältnisse, Ausbildungsstand und gesellschaftliche Schichtenzugehörigkeit) vor.**
- **Die Erwerbsstruktur wird hauptsächlich durch Arbeitsplätze im sekundären, besonders aber im tertiären Sektor geprägt.**
- **Die Umweltphysiognomie in der Stadt wird vorwiegend künstlich geprägt (z. B. weitgehende Bodenversiegelung, künstliche Erholungslandschaften)**
- **Geschlossene Bebauung mit hoher Arbeitsplatz- und Einwohnerdichte**
- **Die Stadt besitzt zentralörtliche Funktion. Sie verfügt über einen Bedeutungsüberschuss bei den Waren und Dienstleistungen, der sich in das Umland hinein auswirkt und zu regionalen Verflechtungen führt.**
- **In der Stadt ergibt sich eine Verkehrsbündelung infolge eines Bedeutungsüberschusses, der Bewohner des Umlands räumlich am Leben in der Stadt teilhaben lässt.**

Mit Beginn der modernen Stadt-, Sozial- und Wirtschaftsgeografie im 20. Jahrhundert werden urbane Räume immer mehr hinsichtlich ihrer **funktionalen und sozialräumlichen Differenzierung** untersucht. Die **Chicagoer Schule** beschreibt erstmals die sozialen Prozesse innerhalb von Städten und in ihren raumprägenden Auswirkungen (20er- bis 40er-Jahre des 20. Jahrhunderts):

Zonenmodell (Kreismodell) nach Burgess und Park: konzentrisch angeordnete Zonen umgeben einen inneren Bereich (**CBD = Central Business District**). Der CBD stellt das räumliche und funktionale Zentrum der Stadt dar und wird gekennzeichnet durch das Vorherrschen von Dienstleistungen, hohen Boden- und Grundstückspreisen und der Dominanz der Tag- gegenüber der Nachtbevölkerung (da kaum Wohnstandorte vorhanden). In der **Transition Zone** (Übergangszone), den Bereichen der ehemaligen gründerzeitlichen Industriegebiete, finden funktionale Veränderungen, zum Teil baulicher Verfall und Verslumung statt. Weiter nach außen folgen die Ringflächen der Arbeiterwohngebiete und die Zone der Einfamilienhausbebauung. Das Kreismodell beschreibt somit einen Verdrängungseffekt von Nutzungen vom Zentrum in die Peripherie.

Sektorenmodell nach Hoyt: Hoyt geht nach Untersuchungen an amerikanischen Städten in den 1930er-Jahren davon aus, dass Wohngebiete mit größerem Anteil an gesellschaftlich höher stehenden Bevölkerungsgruppen sich (wie im Kreismodell) grundsätzlich nach außen hin qualitativ verbessern, sich zudem aber sektoral vom Zentrum nach außen entlang der Hauptverkehrslinien anordnen.

Mehrkernmodell nach Harris und Ullmann: das Modell verwendet die räumliche Verteilung von Arbeitsplätzen und kommt zu der Schlussfolgerung, dass sich Städte aus verschiedenartigen Teilgebieten unterschiedlicher Nutzung zusammensetzen, die in einer dispers verteilten Raumstruktur mit Zentren und Unterzentren münden (z. B. Regierungsviertel, Hafenviertel, Wohngebiet, Gewerbegebiet, Mischgebiet usw.).

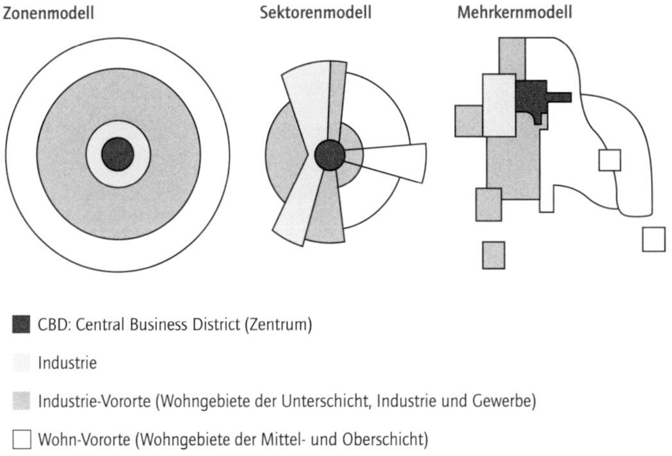

Stadtmodelle nach Theorien der „Chicagoer Schule"

Stufenmodelle der Stadtentwicklung: sie beschreiben die Struktur einer Stadt in unterschiedlichen Entwicklungsepochen (z. B. in Europa: Bürgerstadt des mittelalterlichen Territorialstaats, Residenzstadt im Absolutismus, Industriestadt des 19. Jahrhunderts, moderne Stadt mit starken Tertiärisierungserscheinungen).

Bipolare/multipolare Stadtmodelle: sie beschreiben ein räumliches Nebeneinander von Raumstrukturen, die aus unterschiedlichen gesellschaftspolitischen und kulturellen Einflüssen resultieren, so z. B. innerhalb der orientalischen Stadt traditionelle, islamische Strukturen (Bazar, Medina), koloniale Raumstrukturen und moderne Raumeinheiten (z. B. Erdölverladehafen).

14.2 Verstädterung, Urbanisierung und Suburbanisierung

Merkmale der Verstädterung/Urbanisierung:

- Seit etwa 1800 haben in den heutigen Industriestaaten die Anteile der in Städten lebenden Bevölkerung stetig zugenommen (Verstädterungsgrad).
- Die Städte sind flächen- und bevölkerungsmäßig stark gewachsen.
- Die Anzahl der Städte pro Land hat sich stetig erhöht.
- Der Flächenbedarf der Stadtbevölkerung hat sich auch bei stagnierender Bevölkerungsentwicklung stetig erhöht.
- Bezüglich der Erwerbsstruktur in den Städten ist eine nahezu totale Ablösung vom primären Sektor zugunsten einer Hinwendung zum sekundären, im 20./21. Jahrhundert vor allem aber zum tertiären Sektor (Tertiärisierung) zu beobachten.
- Die heutigen Städte zeigen infolge einer städtischen Lebensweise und den damit verbundenen veränderten Wert- und Sozialvorstellungen im Gegensatz zum ländlichen Raum veränderte demografische Verhaltensweisen (z. B. hohe Anzahl an Single-Haushalten, geringere durchschnittliche Kinderzahl pro Familie usw.).

Verstädterungsgrad (Anteil der Stadtbevölkerung) in unterschiedlichen Staaten (in %) 2008	
Australien	88
Belgien	97
Bulgarien	70
China	41
Deutschland	75
Frankreich	77
Indien	29
Japan	66
USA	81
Sudan	42
Russland	73
Schweiz	75

Unter **Suburbanisierung** versteht man einen räumlichen Dezentralisierungsprozess durch Wanderungsbewegungen und Standortverlagerungen von Bereichen der Stadt in deren Umland. Ergebnis ist ein Wachstum der Randzonen, des Umlands und der Vorstädte, welche auf Kosten der Kernstadt an Bedeutung gewinnen und so sekundäre zentrale Funktion erreichen. Die Suburbanisierung hat in den westlich industrialisierten Ländern zu einer **starken Flächenausweitung der Städte nach außen** bei gleichzeitiger Entstehung von Subzentren geführt (Stadt-Umland-Wanderung). Im amerikanischen Sprachgebrauch wird in der Literatur häufig der Begriff **Counterurbanization** verwendet. Im Zusammenhang mit den oben genannten Begriffen trifft man im deutschen Sprachgebrauch häufig auf das Modell der **Stadtregion**:

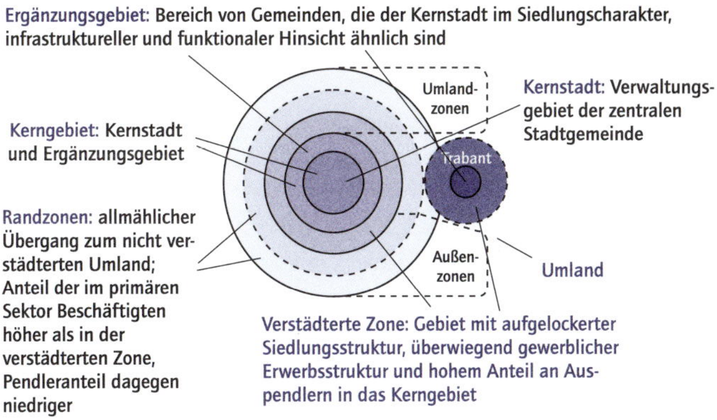

Modell der Stadtregion

14.3 Physiognomie und Funktionen in der Stadt

City: funktionales und physiognomisches Zentrum einer Stadt mit Merkmalen wie hoher Anteil und hohe räumliche Dichte an Dienstleistungs- und Versorgungsstandorten; hohe Grundstücks- und Bodenpreise, überwiegend Tagbevölkerung (funktional), hoher Geschäfts- und Verwaltungsgebäudeanteil, lange Schaufensterreihen etc. (physiognomisch).

Phasen der City-Bildung in Europa

- **Manufakturen und Frühindustrialisierung:** bis Mitte des 19. Jhds.; beginnendes Wachstum im tertiären Sektor, steigende Wohndichte, Bebauungsverdichtung, Wohnungen höherer sozialer Gesellschaftsschichten

- **Hochindustrialisierung:** Gründerjahre, letztes Viertel des 19. Jahrhunderts; erste einschränkende Bauverordnungen um das Höhenwachstum zu begrenzen; teilweise Standortneugründungen von Betrieben zulasten der Wohnstandorte, Beginn der Abwanderung der Wohnbevölkerung aus der City; besonders der Adel und die höheren bürgerlichen Gesellschaftsschichten verlagern ihre Wohnsitze an die Peripherie der Stadt
- **Neustrukturierung nach dem Zweiten Weltkrieg:** in Deutschland teilweise starke Innenstadtzerstörungen; steigende Bodenmobilität, Kleinflächen werden zusammengelegt, Kaufhausketten lassen sich in der City nieder

Funktionale Merkmale der City (Auswahl)
- räumliche Konzentration von Funktionen der höchsten Bedienungsstufe, z. B. Facharztpraxen, spezialisierter Einzelhandel, Banken, Versicherungen, Anwalts- und Notarpraxen
- meist Lage zwischen der eigentlichen Altstadt und dem Bahnhof
- periodisch wiederkehrende Verkehrsspitzen (Zulieferzeiten)
- allgemein starke Verkehrsdichte aber auch teilweises Vorhandensein von verkehrsberuhigten Zonen (auch Fußgängerzonen)
- höchste Arbeitsplatzdichte vorwiegend im tertiären Sektor
- Tagbevölkerung > Nachtbevölkerung
- höchstes Bodenpreis- und Mietniveau (Prinzip highest and best use)
- geringer Anteil an Wohnbevölkerung (vorwiegend Einpersonenhaushalte)

Physiognomische Merkmale der City (Auswahl)
- geschlossene kompakte Bauweise, kaum Freiflächen, hohe Schaufensterdichte, durchgehende Geschäftsfronten, Arkaden und Fußgängerpassagen
- Konzentration überregionaler Unternehmen (z. B. Kaufhausketten)
- Parkmöglichkeiten (Parkgaragen und Freiflächen) im Randbereich

CHECKLISTE

14 Grundwissen „Urbane Räume"
- **mit Stadtdefinitionen umgehen können**
- **Stadtmodelle beschreiben und unterscheiden können**
- **Strukturmerkmale moderner Städte kennen**
- **die Prozesse Verstädterung, Urbanisierung und Suburbanisierung erläutern können**
- **typische Stadtteile in ihrer Funktionalität und ihrer Physiognomie kennen**

Stichwortverzeichnis

Prüfungstraining auf CD-ROM

Durch eine einfache Navigation schnell zur gewünschten Information oder Aufgabe: Die Startseite führt per Mausklick direkt zu den allgemeinen Tipps zur Prüfungsvorbereitung oder zu den Trainingseinheiten, die genau auf die Kapitelinhalte des Buches zugeschnitten sind. Wie hier für das Kapitel Entwicklungsunterschiede gezeigt, finden Sie zu jedem Themenbereich Aufgaben mit Lösungen. Einfach klicken und die gezielte Prüfungsvorbereitung kann losgehen!

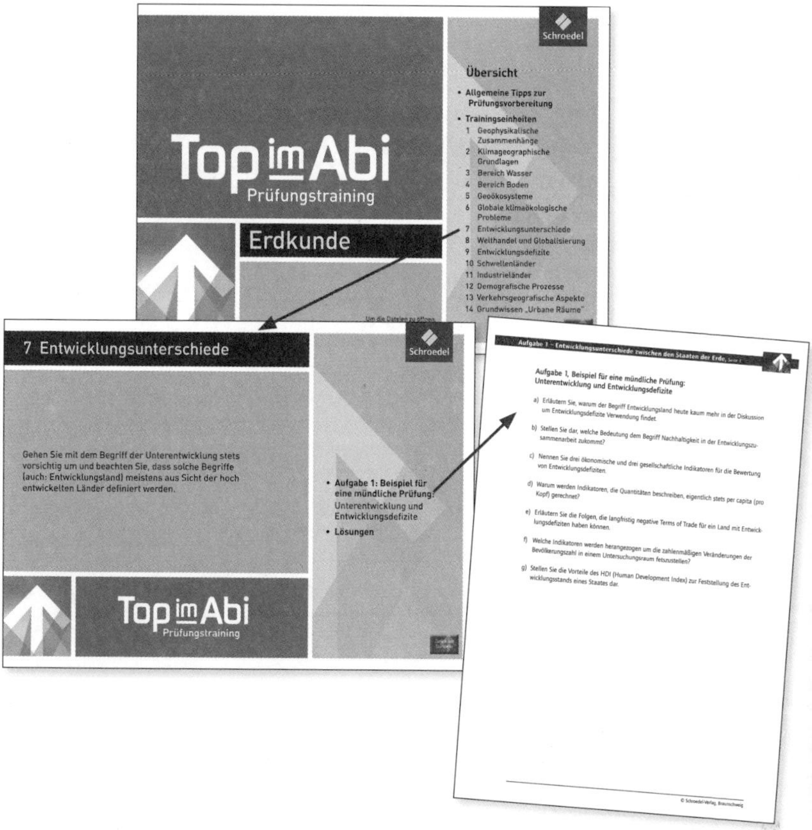

Die CD-ROM ist auf allen Systemen lauffähig, auf denen ein Acrobat-Reader® installiert ist.